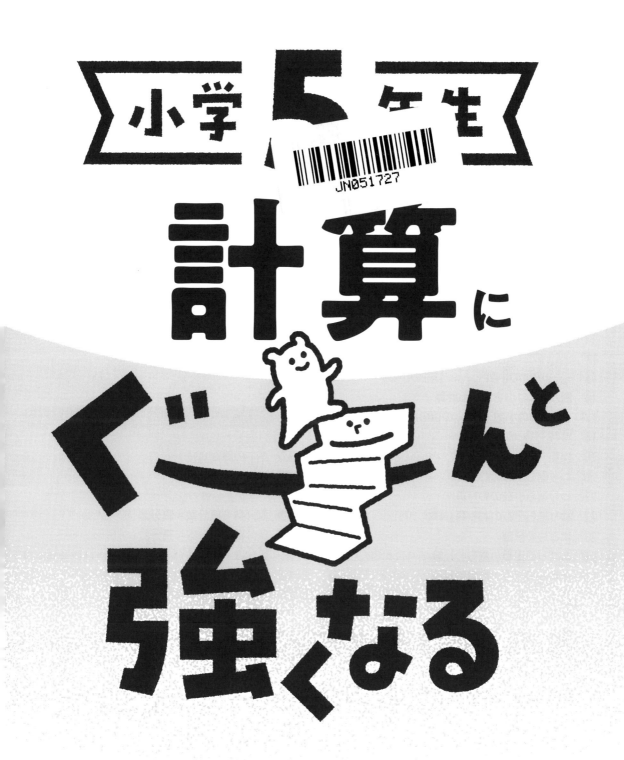

小学5年生 計算にぐーんと強くなる

学習指導要領対応

KUM○N

もくじ

1 整数×小数の暗算

例

$3 \times 0.7 = 2.1$

0.7は0.1が7こ，
$3 \times 7 = 21$，0.1が21こは2.1
$3 \times 0.7 = 2.1$

1 次の計算を暗算でしましょう。　〔1問　5点〕

① 4×0.7

② 6×0.9

③ 3×0.4

④ 8×0.5

2 次の計算を暗算でしましょう。　〔1問　5点〕

① 3×0.08

② 7×0.04

③ 9×0.06

④ 5×0.04

3 次の計算を暗算でしましょう。　〔1問　5点〕

① 30×0.4

② 60×0.8

③ 70×0.02

④ 50×0.06

4 次の計算を暗算でしましょう。　〔1問　5点〕

① 8×0.6

② 4×0.07

③ 50×0.3

④ 9×0.2

⑤ 40×0.08

⑥ 3×0.09

⑦ 2×0.5

⑧ 60×0.05

2 整数×$\frac{1}{10}$の位の小数

例

$$\begin{array}{r} 2\,4 \\ \times\,1.2 \\ \hline 4\,8 \\ 2\,4 \\ \hline 2\,8.8 \end{array}$$

×10 →

$$\begin{array}{r} 2\,4 \\ \times\,1\,2 \\ \hline 4\,8 \\ 2\,4 \\ \hline 2\,8\,8 \end{array}$$

÷10 ←

小数点がないものとして
かけ算をして，積の小数点は，
かける数の小数点と同じ位置
にうてばいいね。

1 次の計算をしましょう。 〔1問 12点〕

① $\begin{array}{r} 3\,6 \\ \times\,2.4 \\ \hline \end{array}$

② $\begin{array}{r} 1\,7 \\ \times\,4.9 \\ \hline \end{array}$

③ $\begin{array}{r} 2\,8 \\ \times\,3.7 \\ \hline \end{array}$

④ $\begin{array}{r} 5\,2 \\ \times\,0.8 \\ \hline \end{array}$

⑤ $\begin{array}{r} 4\,0\,6 \\ \times\,0.9 \\ \hline \end{array}$

⑥ $\begin{array}{r} 2\,6\,5 \\ \times\,1.7 \\ \hline \end{array}$

2 次の計算を筆算でしましょう。 〔1問 12点〕

① 328×0.6

② 47×6.5

3 1mの重さが16kgの鉄の管があります。この鉄の管1.2mの重さは何kgですか。

〔4点〕

[式]

答え（ 　　　　　 ）

3 整数×$\frac{1}{10}$の位の小数（積の最後が0）

例

$$\begin{array}{r} 1\,5 \\ \times\,1.6 \\ \hline 9\,0 \\ 1\,5 \\ \hline 2\,4.0 \end{array}$$

小数点がないものとしてかけ算をして，積の小数点は，かける数の小数点と同じ位置にうつよ。

積の24.0は24とするのね。

1 次の計算をしましょう。　　　　　　　　　　　　〔1問　12点〕

①　　2 8
　　×1.5

②　　4 0
　　×3.2

③　　3 4
　　×0.5

④　　1 3 5
　　×　2.4

⑤　　2 6 0
　　×　4.9

⑥　　4 2 5
　　×　1.6

2 次の計算を筆算でしましょう。　　　　　　　　　〔1問　12点〕

①　634×0.5

②　75×2.8

3 1mが250円のぬのを2.4m買いました。代金は何円ですか。　〔4点〕

〔式〕

答え（　　　　　　　　　）

4 整数×$\frac{1}{100}$の位の小数

例

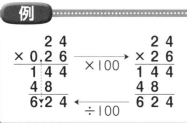

$$
\begin{array}{r}
2\,4 \\
\times\,0.2\,6 \\
\hline
1\,4\,4 \\
4\,8\ \ \\
\hline
6.2\,4
\end{array}
\quad \xrightarrow{\times 100} \quad
\begin{array}{r}
2\,4 \\
\times\,2\,6 \\
\hline
1\,4\,4 \\
4\,8\ \ \\
\hline
6\,2\,4
\end{array}
$$

$\div 100$

小数点がないものとして
かけ算をして，積の小数点は，
かける数の小数点と同じ位置
にうてばいいね。

---

1 次の計算をしましょう。　　　　　　　　　　〔1問　12点〕

① 　　3 8
　　×0.4 7

② 　　6 3
　　×0.5 4

③ 　　2 1 5
　　×0.2 3

④ 　　4 2
　　×1.5 4

⑤ 　　2 5
　　×3.4 6

⑥ 　　3 6 0
　　×2.0 8

---

2 次の計算を筆算でしましょう。　　　　　　　〔1問　12点〕

① 　478×0.65

② 　39×2.64

---

3 1mの重さが280gのはり金を工作で0.75m使いました。使ったはり金の重さは何gですか。　　　　　　　　　　　　　　　　　　　　　　　　　〔4点〕

〔式〕

答え（　　　　　　　　　　）

5 $\frac{1}{10}$ の位の小数×$\frac{1}{10}$ の位の小数

例

（小数点の右に
あるけた数）

$$
\begin{array}{r}
4.2 \quad \cdots (1けた) \\
\times\ 3.4 \quad \cdots (1けた) \\
\hline
1\ 6\ 8 \\
1\ 2\ 6 \\
\hline
1\ 4.2\ 8 \quad \cdots (2けた)
\end{array}
$$

小数点がないものとして
かけ算をして，積の小数点は
かけられる数とかける数の小
数点の右にあるけた数の和だ
け右からかぞえてうつよ。

1 次の計算をしましょう。　　　　　　　　　　　　〔1問　4点〕

① 　3.6
　×5.2

② 　6.2
　×4.9

③ 　2.8
　×3.6

2 次の計算をしましょう。　　　　　　　　　　　　〔1問　4点〕

① 　6.7
　×0.4

② 　5.1
　×0.8

③ 　8.4
　×0.6

④ 　0.5
　×9.3

⑤ 　0.4
　×8.3

⑥ 　0.9
　×6.7

3 次の計算をしましょう。　　　　　　　　　　　　〔1問　4点〕

① 　16.1
　×　2.1

② 　20.3
　×　0.7

③ 　16.5
　×　6.3

4 次の計算をしましょう。 〔1問 4点〕

① 4.3
  × 0.9

② 8.2
  × 3.6

③ 10.7
  × 3.8

④ 23.8
  × 0.7

⑤ 0.4
  × 7.6

⑥ 5.8
  × 6.9

5 次の計算を筆算でしましょう。 〔1問 6点〕

① 15.2 × 4.3

② 9.2 × 0.7

③ 1.5 × 8.7

④ 0.8 × 6.4

6 1時間に14.5m²ずつ草をかります。2.5時間では，何m²の草をかることができますか。 〔4点〕

式

答え（　　　　　　　）

6 ◆小数のかけ算
$\frac{1}{100}$ の位の小数 × $\frac{1}{10}$ の位の小数

例

（小数点の右に
あるけた数）

```
    1.2 4  … (2けた)
×    1.6  … (1けた)
    7 4 4
  1 2 4
  1.9 8 4  … (3けた)
```

小数点がないものとして
かけ算をして，積の小数点は
かけられる数とかける数の
小数点の右にあるけた数の和
だけ右からかぞえてうつよ。

1 次の計算をしましょう。　　　　　　　　　　　　　　〔1問　4点〕

```
①   3.2 7        ②   4.5 6        ③   2.0 9
×    1.8        ×    2.4        ×    6.3
```

```
④   5.4 7        ⑤   3.0 2        ⑥   4.1 3
×    3.2        ×    4.6        ×    1.6
```

2 次の計算をしましょう。　　　　　　　　　　　　　　〔1問　4点〕

```
①   3.2 8        ②   2.9 4        ③   8.0 6
×    0.6        ×    0.7        ×    0.9
```

```
④   0.4 2        ⑤   0.9 5        ⑥   0.6 7
×    6.3        ×    8.5        ×    2.4
```

3 次の計算をしましょう。

① 　5.6 3
　×　　4.2

② 　0.7 4
　×　　6.9

③ 　3.8 5
　×　　0.7

④ 　4.0 8
　×　　6.3

⑤ 　6.9 2
　×　　0.4

⑥ 　0.4 6
　×　　5.8

4 次の計算を筆算でしましょう。　　　　　　　　　　〔1問　6点〕

① 　0.92 × 8.6

② 　8.01 × 0.5

③ 　2.73 × 5.4

④ 　6.09 × 2.8

5 　1Lのジュースの重さをはかったら，1.06kgありました。このジュース1.8L
の重さは何kgですか。　　　　　　　　　　　　　　　　　　　〔4点〕

[式]

答え（　　　　　　　　）

7 $\frac{1}{10}$の位の小数×$\frac{1}{100}$の位の小数

例

```
              (小数点の右に)
              あるけた数
        3.6  … (1けた)
      × 4.2 4 … (2けた)
        1 4 4
        7 2
    1 4 4
    1 5.2 6 4 … (3けた)
```

小数点がないものとしてかけ算をして，積の小数点はかけられる数とかける数の小数点の右にあるけた数の和だけ右からかぞえてうつよ。

1 次の計算をしましょう。 〔1問　4点〕

① $\quad 4.3$
$\times 6.5\,2$

② $\quad 2.7$
$\times 8.1\,6$

③ $\quad 9.4$
$\times 1.0\,3$

2 次の計算をしましょう。 〔1問　4点〕

① $\quad 3.8$
$\times 0.4\,7$

② $\quad 5.2$
$\times 0.3\,9$

③ $\quad 8.6$
$\times 0.7\,4$

④ $\quad 0.7$
$\times 3.8\,4$

⑤ $\quad 0.9$
$\times 5.4\,5$

⑥ $\quad 0.4$
$\times 9.0\,6$

3 次の計算をしましょう。 〔1問　4点〕

① $\quad 2\,4.7$
$\times 1.2\,5$

② $\quad 1\,2.6$
$\times 0.5\,4$

③ $\quad 1\,0.8$
$\times 3.0\,6$

4 次の計算をしましょう。 〔1問 4点〕

① 　　 6.2
　　×0.5 3

② 　　 1.8
　　×7.5 6

③ 　 1 5.7
　　×2.5 8

④ 　　 3.5
　　×2.4 7

⑤ 　　 0.3
　　×7.0 5

⑥ 　　 0.8
　　×6.3 4

5 次の計算を筆算でしましょう。 〔1問 6点〕

① 6.2×4.03

② 0.6×8.52

③ 20.9×1.45

④ 3.7×0.84

6 1 aの畑に3.8kgのひ料をまきます。あかりさんの家の畑は，2.54 aです。ひ料は何kgあればよいでしょうか。 〔4点〕

（式）

答え（ 　　　　　　　 ）

8 $\frac{1}{100}$ の位の小数 × $\frac{1}{100}$ の位の小数

得点

点

例

（小数点の右に あるけた数）

$$
\begin{array}{r}
1.4\,4 \quad \cdots (2けた) \\
\times\ 6.2\,3 \quad \cdots (2けた) \\
\hline
4\,3\,2 \\
2\,8\,8 \\
8\,6\,4 \\
\hline
8.9\,7\,1\,2 \quad \cdots (4けた)
\end{array}
$$

小数点がないものとして かけ算をして，積の小数点は かけられる数とかける数の小 数点の右にあるけた数の和だ け右からかぞえてうつよ。

---

1 次の計算をしましょう。 〔1問 4点〕

①
$$
\begin{array}{r}
2.5\,7 \\
\times\ 3.6\,4 \\
\hline
\end{array}
$$

②
$$
\begin{array}{r}
4.9\,1 \\
\times\ 6.0\,8 \\
\hline
\end{array}
$$

③
$$
\begin{array}{r}
7.3\,2 \\
\times\ 2.4\,6 \\
\hline
\end{array}
$$

④
$$
\begin{array}{r}
3.0\,4 \\
\times\ 8.2\,9 \\
\hline
\end{array}
$$

⑤
$$
\begin{array}{r}
5.1\,6 \\
\times\ 1.7\,8 \\
\hline
\end{array}
$$

⑥
$$
\begin{array}{r}
6.0\,3 \\
\times\ 5.0\,9 \\
\hline
\end{array}
$$

---

2 次の計算をしましょう。 〔1問 4点〕

①
$$
\begin{array}{r}
5.2\,4 \\
\times\ 0.3\,1 \\
\hline
\end{array}
$$

②
$$
\begin{array}{r}
4.8\,7 \\
\times\ 0.6\,2 \\
\hline
\end{array}
$$

③
$$
\begin{array}{r}
9.0\,6 \\
\times\ 0.5\,3 \\
\hline
\end{array}
$$

④
$$
\begin{array}{r}
0.4\,1 \\
\times\ 3.6\,2 \\
\hline
\end{array}
$$

⑤
$$
\begin{array}{r}
0.6\,9 \\
\times\ 7.5\,4 \\
\hline
\end{array}
$$

⑥
$$
\begin{array}{r}
0.3\,8 \\
\times\ 5.0\,2 \\
\hline
\end{array}
$$

3 次の計算をしましょう。　〔1問　4点〕

① 　5.0 3
　×7.2 8

② 　4.9 6
　×0.3 7

③ 　8.0 2
　×5.0 4

④ 　0.3 6
　×9.0 7

⑤ 　6.2 9
　×3.4 5

⑥ 　2.0 8
　×0.9 4

⑦ 　3.8 4
　×4.5 2

⑧ 　0.7 3
　×6.2 9

⑨ 　9.1 5
　×3.0 7

4 次の計算を筆算でしましょう。　〔1問　4点〕

① 　4.72×0.5l

② 　0.83×6.35

③ 　6.l4×4.08

④ 　3.09×7.02

9 積の最後が0になる計算

例

$$
\begin{array}{r}
\left(\begin{array}{l}\text{小数点の右に}\\\text{あるけた数}\end{array}\right) \\
2.8 \quad \cdots \text{(1けた)} \\
\times 4.5 \quad \cdots \text{(1けた)} \\
\hline
1 4 0 \\
1 1 2 \\
\hline
1 2.6 0 \quad \cdots \text{(2けた)}
\end{array}
$$

12.60は12.6 とするよ。

1 次の計算をしましょう。　　　　　〔1問　4点〕

① 　8.2
　×3.5

② 　16.5
　×　0.4

③ 　2.8
　×7.5

2 次の計算をしましょう。　　　　　〔1問　4点〕

① 　5.48
　×　0.5

② 　3.25
　×　1.6

③ 　0.92
　×　4.5

3 次の計算をしましょう。　　　　　〔1問　4点〕

① 　8.5
　×4.32

② 　7.4
　×6.05

③ 　0.8
　×3.25

4 次の計算をしましょう。　　　　　〔1問　4点〕

① 　9.26
　×3.25

② 　0.45
　×8.72

③ 　6.04
　×0.25

5 次の計算をしましょう。　　　　　　　　　　　　　　〔1問　4点〕

① 　　１２.８
　　×　　１.５

② 　　　３.０５
　　×　　８.１６

③ 　　　４.９５
　　×　　０.３２

④ 　　　８.７５
　　×　　　０.４

⑤ 　　　２０.６
　　×　　５.０５

⑥ 　　　７.２５
　　×　　　２.８

6 次の計算を筆算でしましょう。　　　　　　　　　　　〔1問　6点〕

① 　6.32×0.45

② 　7.5×3.2

③ 　3.8×9.05

④ 　2.65×3.4

7 　赤いリボンが4.5mあります。青いリボンの長さは，赤いリボンの長さの1.6倍あるそうです。青いリボンの長さは何mですか。　　　〔4点〕

〔式〕

答え（　　　　　　　　　　）

10 積が1より小さくなる計算

例

（小数点の右に
あるけた数）

```
  0.4 8  … (2けた)
× 0.6   … (1けた)
───────
0.2 8 8 … (3けた)
```

積に0.をつけて，
0.288とするよ。

1 次の計算をしましょう。 〔1問　5点〕

```
①   1.5        ②   2.7        ③   0.6
  × 0.3          × 0.2          × 0.9
```

2 次の計算をしましょう。 〔1問　5点〕

```
①   1.6 8      ②   0.9 3      ③   0.0 7
  ×   0.4        ×   0.8        ×   1.4
```

3 次の計算をしましょう。 〔1問　5点〕

```
①   1.8        ②   0.5        ③   0.3
  × 0.4 2        × 1.3 6        × 0.8 4
```

4 次の計算をしましょう。 〔1問　5点〕

```
①   0.3 6      ②   4.2 7      ③   0.1 8
  × 0.2 3        × 0.0 4        × 0.4 5
```

5 次の計算をしましょう。 〔1問 5点〕

① 0.076
 × 0.09

② 0.082
 × 3.5

③ 9.6
 ×0.024

6 次の計算をしましょう。 〔1問 5点〕

① 1.09
 × 0.6

② 0.4
 ×1.5

③ 0.75
 ×0.32

④ 0.038
 × 7.4

⑤ 1.2
 ×0.25

ひとやすみ

◆9の倍数の見つけ方

博士：9の倍数をいろいろ見つけてみよう。

りく：かんたんですよ。

　　　4×9＝36　　8×9＝72　　86×9＝774　……

博士：見つけた9の倍数について，それぞれ各位の数字の和を出してごらん。

りく：36は，3＋6で9になる。72は，7＋2で9になる。774は，7＋7＋4で18になる。

博士：その通りだ。ところで，りくくん，今調べたことで，何か気づいたことはないかな。

りく：そうですねえ。数字の和は全部9の倍数になっていますね。

博士：そうだね。じつは，ある数が9の倍数かどうかを見分けるには，その数の各位の数字の和が9の倍数になっているかを調べればいいんだ。

りく：なるほど。おもしろいですね。

まとめの練習

得点

点

1 次の計算を暗算でしましょう。　　　　　　　　　　　〔1問　2点〕

① 8×0.07　　　　　　　　② 60×0.4

③ 9×0.3　　　　　　　　④ 50×0.08

2 次の計算をしましょう。　　　　　　　　　　　　　　〔1問　4点〕

```
①   1 6
  × 3.8
```

```
②   7 0
  × 2.9
```

```
③     5 3
  × 0.9 2
```

```
④   2 3 5
  ×   4.2
```

```
⑤     8 6
  × 1.7 5
```

```
⑥   1 2 4
  × 0.8 3
```

3 次の計算をしましょう。　　　　　　　　　　　　　　〔1問　4点〕

```
①   1 4.5
  ×   3.9
```

```
②   7.5 2
  × 0.5 4
```

```
③     0.9
  × 0.8 3
```

```
④   1.8 5
  ×   6.2
```

```
⑤   6.7 6
  ×   2.5
```

```
⑥   0.4 7
  × 0.6 8
```

4 次の計算をしましょう。 〔1問 4点〕

①
$$
\begin{array}{r}
3.08 \\
\times\ \ 4.9 \\
\hline
\end{array}
$$

②
$$
\begin{array}{r}
0.074 \\
\times\ \ 0.65 \\
\hline
\end{array}
$$

③
$$
\begin{array}{r}
1.26 \\
\times 0.83 \\
\hline
\end{array}
$$

④
$$
\begin{array}{r}
12 \\
\times 0.75 \\
\hline
\end{array}
$$

⑤
$$
\begin{array}{r}
0.08 \\
\times\ \ 9.7 \\
\hline
\end{array}
$$

⑥
$$
\begin{array}{r}
5.09 \\
\times 0.46 \\
\hline
\end{array}
$$

5 次の計算を筆算でしましょう。 〔1問 4点〕

① 0.34×0.58

② 80×1.7

③ 4.9×7.02

④ 12.6×0.45

6 1m²の板にペンキをぬるのに, ペンキが0.8Lいるそうです。0.65m²の板を ぬるには, ペンキが何Lあればよいでしょうか。 〔4点〕

式

答え（　　　　　　　　　）

12 整数÷小数の暗算

例

$6 \div 1.5 = 4$　　　　$8 \div 0.4 = 20$

$\Updownarrow$　　　　　　　$\Updownarrow$

$60 \div 15 = 4$　　　$80 \div 4 = 20$

上と下の計算を比べて
みよう。わられる数と
わる数をそれぞれ10倍
しても，商は同じだね。

1 次の計算を暗算でしましょう。　　　　　　〔1問　3点〕

① $9 \div 1.5$　　　　　　　　② $6 \div 1.2$

③ $8 \div 1.6$　　　　　　　　④ $7 \div 1.4$

2 次の計算を暗算でしましょう。　　　　　　〔1問　3点〕

① $9 \div 0.3$　　　　　　　　② $8 \div 0.2$

③ $14 \div 0.7$　　　　　　　④ $24 \div 0.6$

⑤ $45 \div 0.5$　　　　　　　⑥ $20 \div 0.4$

⑦ $36 \div 1.2$　　　　　　　⑧ $28 \div 1.4$

3 次の計算を暗算でしましょう。　　　　　　〔1問　3点〕

① $60 \div 0.3$　　　　　　　② $40 \div 0.2$

③ $120 \div 0.4$　　　　　　④ $560 \div 0.7$

⑤ $300 \div 0.5$　　　　　　⑥ $630 \div 0.9$

⑦ $480 \div 1.2$　　　　　　⑧ $600 \div 1.5$

4 次の計算を暗算でしましょう。 〔1問 3点〕

① 6÷0.3

② 18÷0.9

③ 80÷0.4

④ 6÷1.5

⑤ 56÷0.8

⑥ 24÷1.2

⑦ 450÷0.9

⑧ 30÷0.6

⑨ 39÷1.3

⑩ 640÷0.8

⑪ 28÷0.7

⑫ 200÷0.5

5 リボンを1.2m買ったら，代金は360円でした。このリボン1mのねだんは何円ですか。 　　　　（リボン1mのねだんは，代金÷長さ(1.2m)で求められます。）〔4点〕

[式]

答え （　　　　　　　）

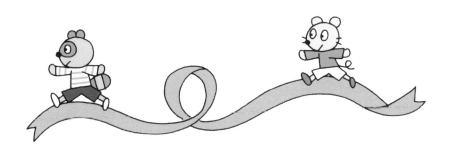

13 $\dfrac{1}{10}$ の位の小数 ÷ $\dfrac{1}{10}$ の位の小数

得点

点

例

19.2÷3.2の筆算

$$3.2\overline{)19.2} \quad \Rightarrow \quad \underset{\times 10}{3.2}\overline{)19.2}\underset{\times 10} \quad \Rightarrow \quad 3.2\overline{)19.2}$$

$$
\begin{array}{r}
6 \\
3.2\overline{)19.2} \\
192 \\
\hline
0
\end{array}
$$

わる数とわられる数の小数点を同じけた数だけ右にうつし，わる数を整数になおして計算するよ。

1 次の計算をしましょう。　　　　　　　　　　〔1問　4点〕

① $1.4\overline{)8.4}$

② $2.6\overline{)7.8}$

③ $2.4\overline{)19.2}$

④ $6.8\overline{)40.8}$

⑤ $2.6\overline{)72.8}$

⑥ $1.4\overline{)50.4}$

2 次の計算をしましょう。　　　　　　　　　　〔1問　4点〕

① $0.3\overline{)0.9}$

② $0.8\overline{)4.8}$

③ $0.7\overline{)6.3}$

④ $0.6\overline{)14.4}$

⑤ $0.9\overline{)31.5}$

⑥ $0.8\overline{)30.4}$

3 次の計算をしましょう。 〔1問 4点〕

① $1.6\,\overline{)\,1\,2.8}$

② $2.4\,\overline{)\,7.2}$

③ $0.9\,\overline{)\,5.4}$

④ $0.5\,\overline{)\,2\,4.5}$

⑤ $4.8\,\overline{)\,6\,2.4}$

⑥ $2.3\,\overline{)\,8\,0.5}$

4 次の計算を筆算でしましょう。 〔1問 6点〕

① $76.8 \div 0.8$

② $61.2 \div 3.4$

③ $94.4 \div 5.9$

④ $60.8 \div 7.6$

5 1ふくろの重さが，1.8kgの塩のふくろがたくさんあります。全部の重さをはかったら43.2kgありました。塩は何ふくろありますか。 〔4点〕

式

答え（　　　　　　　）

◆小数のわり算

$\dfrac{1}{100}$ の位の小数 ÷ $\dfrac{1}{10}$ の位の小数

得点

点

例

3.64÷1.4の筆算

$$1.4\overline{)3.6\,4}$$ ⇒ $$1.4\overline{)3.6.4}$$ ⇒
$$\begin{array}{r} 2.6 \\ 1.4\overline{)3.6.4} \\ 2\,8 \\ \hline 8\,4 \\ 8\,4 \\ \hline 0 \end{array}$$

×10 ×10

わる数の小数点を右にうつして整数にするよ。わられる数の小数点も，わる数と同じけた数だけ右にうつすよ。商の小数点は，わられる数のうつした小数点の位置にそろえてうつよ。

---

1 次の計算をしましょう。　　　　　　　　　　　　　　　〔1問　5点〕

①
$$1.6\overline{)5.4\,4}$$

②
$$2.8\overline{)8.9\,6}$$

③
$$2.4\overline{)2\,3.0\,4}$$

④
$$5.6\overline{)2\,6.3\,2}$$

⑤
$$1.6\overline{)1\,9.6\,8}$$

⑥
$$3.2\overline{)5\,0.5\,6}$$

---

2 次の計算をしましょう。　　　　　　　　　　　　　　　〔1問　5点〕

①
$$0.6\overline{)0.8\,4}$$

②
$$0.9\overline{)3.1\,5}$$

③
$$0.8\overline{)2\,0.4\,8}$$

3 次の計算をしましょう。 〔1問 5点〕

① 0.8〉9.9 2

② 3.5〉1 5.0 5

③ 0.7〉1.1 2

④ 2.6〉3 8.4 8

⑤ 0.4〉0.9 2

⑥ 1.8〉1 9.2 6

4 次の計算を筆算でしましょう。 〔1問 9点〕

① 22.14÷0.9

② 70.72÷3.4

5 2.6 m の鉄のぼうの重さをはかったら，8.84 kg ありました。この鉄のぼう 1 m の重さは何 kg ですか。(1 m の重さは，全体の重さ÷長さ(2.6m)で求められます。) 〔7点〕

式

答え（　　　　　　　　　）

15 $\frac{1}{100}$ の位の小数 ÷ $\frac{1}{100}$ の位の小数

例

26.28÷1.46の筆算

$1.46{\overline{\smash{\big)}\,2\,6.2\,8}}$ ⇨ $1.46{\overline{\smash{\big)}\,2\,6.2\,8}}$ ⇨

```
          1 8
1.46) 2 6.2 8
      1 4 6
      1 1 6 8
      1 1 6 8
            0
```

わる数の小数点を右に
うつして整数にするよ。
わられる数の小数点も，
わる数と同じけた数だ
け右にうつすよ。

1 次の計算をしましょう。　　　　　　　　　　　　　　　　　〔1問　4点〕

① $1.53{\overline{\smash{\big)}\,4.5\,9}}$　　② $2.06{\overline{\smash{\big)}\,8.2\,4}}$　　③ $4.72{\overline{\smash{\big)}\,3\,7.7\,6}}$

④ $2.34{\overline{\smash{\big)}\,1\,4.0\,4}}$　　⑤ $3.52{\overline{\smash{\big)}\,5\,9.8\,4}}$　　⑥ $1.08{\overline{\smash{\big)}\,1\,7.2\,8}}$

2 次の計算をしましょう。　　　　　　　　　　　　　　　　　〔1問　4点〕

① $0.02{\overline{\smash{\big)}\,0.0\,6}}$　　② $0.09{\overline{\smash{\big)}\,0.3\,6}}$　　③ $0.18{\overline{\smash{\big)}\,0.7\,2}}$

④ $0.57{\overline{\smash{\big)}\,3.4\,2}}$　　⑤ $0.24{\overline{\smash{\big)}\,8.6\,4}}$　　⑥ $0.43{\overline{\smash{\big)}\,1\,2.0\,4}}$

3 次の計算をしましょう。 〔1問 4点〕

① $0.29\overline{)1.45}$

② $0.07\overline{)0.56}$

③ $4.12\overline{)28.84}$

④ $3.06\overline{)73.44}$

⑤ $0.68\overline{)19.04}$

⑥ $2.34\overline{)74.88}$

4 次の計算を筆算でしましょう。 〔1問 6点〕

① $7.32 \div 1.83$

② $6.75 \div 0.75$

③ $7.36 \div 0.46$

④ $90.36 \div 5.02$

5 赤いテープの長さは4.35mで，青いテープの長さは1.45mです。赤いテープの長さは，青いテープの長さの何倍ですか。 〔4点〕

式

答え（　　　　　　　）

16 商が1より小さくなる計算

例

1.44÷3.6の筆算

$$3.6\overline{)1.4\,4} \Rightarrow 3.6\overline{)1.4.4} \Rightarrow \begin{array}{r} 0.4 \\ 3.6\overline{)1.4.4} \\ 1\,4\,4 \\ \hline 0 \end{array}$$

×10 ×10

商は1より小さくなるよ。0.をわすれないようにしよう。

1 次の計算をしましょう。　〔1問　4点〕

① $4.3\overline{)2.5\,8}$

② $1.2\overline{)0.7\,2}$

③ $3.7\overline{)2.1\,4\,6}$

④ $1.8\overline{)0.9\,3\,6}$

⑤ $3.24\overline{)2.5\,9\,2}$

⑥ $1.36\overline{)0.9\,5\,2}$

2 次の計算をしましょう。　〔1問　4点〕

① $0.4\overline{)0.0\,8}$

② $0.8\overline{)0.7\,2}$

③ $0.7\overline{)0.0\,4\,2}$

④ $0.6\overline{)0.4\,4\,4}$

⑤ $0.02\overline{)0.0\,0\,6}$

⑥ $0.09\overline{)0.0\,3\,6}$

3 次の計算をしましょう。 〔1問 4点〕

① 6.8$\overline{)4.7\,6}$

② 4.27$\overline{)3.4\,1\,6}$

③ 0.8$\overline{)0.6\,0\,8}$

④ 0.4$\overline{)0.0\,5\,2}$

⑤ 1.9$\overline{)0.8\,5\,5}$

⑥ 0.06$\overline{)0.0\,5\,4}$

4 次の計算を筆算でしましょう。 〔1問 6点〕

① 0.288 ÷ 0.6

② 5.04 ÷ 8.4

③ 1.236 ÷ 3.09

④ 0.056 ÷ 0.07

5 横の長さが5.4m，たての長さが4.32mの花だんがあります。たての長さは，横の長さの何倍ですか。 〔4点〕

式

答え（　　　　　　　　　）

◆小数のわり算

$\dfrac{1}{10}$ の位の小数÷$\dfrac{1}{100}$ の位の小数

例

8.7÷1.45の筆算

$1.45\overline{)8.7}$ ⇒ $1.45\overline{)8.7\,0}$ ⇒
$$1.45\overline{)\begin{matrix}6\\8.7\,0\\8\,7\,0\\\hline 0\end{matrix}}$$
×100 ×100

わられる数に0を
つけたして計算するよ。

---

1 次の計算をしましょう。　　　　　　　　　〔1問　10点〕

① $1.35\overline{)5.4}$

② $1.46\overline{)7.3}$

③ $3.75\overline{)2\,2.5}$

④ $0.75\overline{)4.5}$

⑤ $0.09\overline{)5.4}$

⑥ $0.07\overline{)1\,7.5}$

---

2 次の計算を筆算でしましょう。　　　　　　〔1問　10点〕

① 14.8÷1.85

② 31.2÷0.65

③ 2.8÷0.08

④ 16.2÷1.35

18 整数÷$\frac{1}{10}$の位の小数

例

27÷4.5の筆算

$$4.5\overline{)27} \quad \Rightarrow \quad 4.5\overline{)27.0} \quad \Rightarrow \quad 4.5\overline{)27.0}$$

×10 ×10

わられる数に0を
つけたして計算するよ。

$$\begin{array}{r} 6 \\ 4.5\overline{)27.0} \\ 270 \\ \hline 0 \end{array}$$

---

1 次の計算をしましょう。　　　　　　　　　　　　　〔1問　12点〕

① $3.5\overline{)28}$

② $1.5\overline{)93}$

③ $2.6\overline{)65}$

④ $0.6\overline{)3}$

⑤ $0.8\overline{)32}$

⑥ $0.7\overline{)84}$

---

2 次の計算を筆算でしましょう。　　　　　　　　　　〔1問　12点〕

① $36÷4.5$

② $14÷0.4$

---

3 さとうが15kgあります。このさとうを0.6kgずつふくろに入れます。ふくろを何ふくろ用意すればよいでしょうか。　　　〔4点〕

式

答え（　　　　　　　　　）

19 整数÷$\frac{1}{100}$の位の小数

例

5÷1.25の筆算

$$1.25\overline{)5} \quad \Rightarrow \quad 1.25\overline{)5.00} \quad \Rightarrow \quad 1.25\overline{)5.00}$$
$$\underset{\times 100}{} \quad \underset{\times 100}{}$$

わられる数に0を
つけたして計算するよ。

1 次の計算をしましょう。　　　　　　　　　　　　　　　〔1問　10点〕

① $1.75\overline{)14}$

② $2.25\overline{)54}$

③ $0.06\overline{)3}$

④ $0.08\overline{)12}$

⑤ $0.75\overline{)3}$

⑥ $0.25\overline{)18}$

2 次の計算を筆算でしましょう。　　　　　　　　　　　　〔1問　10点〕

① $33 \div 2.75$

② $9 \div 0.06$

③ $12 \div 0.75$

④ $34 \div 4.25$

20 わり進む小数のわり算①

例

4.8÷3.2の筆算（わり切れるまで）

$3.2\overline{)4.8}$ ⇒ $3.2\overline{)4.8}$ ×10 ×10 ⇒

```
        1.5
3.2)4.8.0
    3 2
    1 6 0
    1 6 0
          0
```

わり切れるまで計算するには，わられる数に0をつけたして計算していくよ。

1　次のわり算をわり切れるまで計算しましょう。　　　　　　〔1問　12点〕

①　$4.5\overline{)7.2}$　　　　②　$3.8\overline{)47.5}$　　　　③　$5.2\overline{)1.3}$

④　$0.8\overline{)1.2}$　　　　⑤　$3.8\overline{)3.23}$　　　　⑥　$0.6\overline{)0.45}$

2　次のわり算をわり切れるまで筆算で計算しましょう。　　　〔1問　14点〕

①　$15.5 \div 6.2$　　　　　　②　$0.2 \div 0.8$

21 わり進む小数のわり算②

例

5.9÷2.36の筆算(わり切れるまで)

$$2.36\overline{)5.9} \Rightarrow 2.36\overline{)5.90} \Rightarrow$$

×100 ×100

```
           2.5
2.36)5.9 0.0
     4 7 2
     1 1 8 0
     1 1 8 0
             0
```

わり切れるまで計算するには，わられる数に0をつけたして計算していくよ。

1 次のわり算をわり切れるまで計算しましょう。　　〔1問　12点〕

① $1.48\overline{)3.7}$

② $3.25\overline{)20.8}$

③ $0.24\overline{)0.6}$

④ $0.72\overline{)0.9}$

⑤ $0.46\overline{)6.67}$

⑥ $0.75\overline{)0.18}$

2 次のわり算をわり切れるまで筆算で計算しましょう。　　〔1問　14点〕

① $5.58÷1.24$

② $2.1÷0.84$

22 わり進む小数のわり算 (整数÷小数)

例

6÷2.5の筆算 (わり切れるまで)

$$2.5 \overline{)6} \quad \Rightarrow \quad 2.5 \overline{)6.0} \quad \Rightarrow \quad 2.5 \overline{)6.0.0}$$
$$\underset{\times 10 \quad \times 10}{} \qquad \begin{array}{r} 2.4 \\ \hline 5\ 0 \\ \hline 1\ 0\ 0 \\ 1\ 0\ 0 \\ \hline 0 \end{array}$$

わり切れるまで計算するには, わられる数に0をつけたして計算していくよ。

---

1 次のわり算をわり切れるまで計算しましょう。　　　　〔1問　16点〕

① $2.5 \overline{)9}$

② $4.8 \overline{)12}$

③ $7.5 \overline{)24}$

④ $2.5 \overline{)84}$

⑤ $0.8 \overline{)3}$

⑥ $1.25 \overline{)7}$

---

2 青いテープの長さは5mで, 赤いテープの長さは0.8mです。青いテープの長さは, 赤いテープの長さの何倍ですか。　　　　〔4点〕

式

 答え（　　　　　　）

23 まとめの練習

1 次の計算を暗算でしましょう。　　　　　　　　　　　　〔1問　4点〕

① 35 ÷ 0.7　　　　　　　　② 48 ÷ 1.6

2 次の計算をしましょう。　　　　　　　　　　　　　　　〔1問　4点〕

① 2.8)39.2

② 0.6)2.04

③ 3.9)81.51

④ 0.52)4.68

⑤ 1.29)58.05

⑥ 1.7)0.476

3 次の計算をしましょう。　　　　　　　　　　　　　　　〔1問　4点〕

① 2.56)12.8

② 3.2)48

③ 1.25)10

4 次のわり算をわり切れるまで計算しましょう。　　　　　〔1問　4点〕

① 2.8)7

② 3.5)6.3

③ 0.42)1.05

5 次のわり算をわり切れるまで計算しましょう。 〔1問 4点〕

① 2.43〉19.44

② 0.8〉0.128

③ 2.5〉8

④ 1.9〉45.6

⑤ 2.25〉10.8

⑥ 4.8〉3.12

6 次のわり算をわり切れるまで筆算で計算しましょう。 〔1問 6点〕

① 63÷4.2

② 7.95÷1.06

7 だいちさんのお父さんの体重は52.2kgで，だいちさんの体重は34.8kgです。
だいちさんのお父さんの体重は，だいちさんの体重の何倍ですか。 〔8点〕

〔式〕

答え（　　　　　　　　　）

24 あまりの出る小数のわり算 (一の位まで)

例

2.1÷0.6の商を一の位まで求め，あまりを出す。

$$0.6\overline{)2.1} \Rightarrow 0.6\overline{)2.1} \Rightarrow \begin{array}{r} 3 \\ 0.6\overline{)2.1} \\ \underline{1\,8} \\ 0.3 \end{array}$$

×10 ×10

あまりの小数点は
わられる数のもとの
小数点の位置にそろ
えてうつよ。

1 商は一の位まで求め，あまりも出しましょう。　　　　〔1問　4点〕

① $0.8\overline{)3.5}$

② $1.6\overline{)8.3}$

③ $2.7\overline{)2\,2.1}$

④ $0.54\overline{)3.2\,8}$

⑤ $0.23\overline{)6.5\,1}$

⑥ $1.42\overline{)4\,8.5}$

2 商は一の位まで求め，あまりも出しましょう。　　　　〔1問　4点〕

① $0.9\overline{)6}$

② $5.6\overline{)2\,4}$

③ $3.7\overline{)3\,4}$

④ $1.8\overline{)3\,1}$

⑤ $2.5\overline{)5\,9}$

⑥ $1.46\overline{)2\,7}$

3 商は一の位まで求め，あまりも出しましょう。 〔1問 4点〕

① 3.2〕19.6

② 4.7〕24

③ 0.73〕6.61

④ 0.94〕15

⑤ 1.82〕49.26

⑥ 6.9〕84

4 商は一の位まで求め，あまりも出しましょう。 〔1問 6点〕

① 21÷2.6

② 77.8÷4.8

③ 37÷1.54

④ 22.72÷0.39

5 長さ8.5mのはり金があります。このはり金から0.6mのはり金は何本切りとれますか。また，何m残りますか。 〔4点〕

式

答え（　　　　　　　　　　　　）

25 あまりの出る小数のわり算 $\left(\frac{1}{10}$ の位まで$\right)$

例

1.78÷2.5の商を $\frac{1}{10}$ の位まで求めて，あまりを出す。

$$2.5\overline{)1.7\ 8} \quad \Rightarrow \quad 2.5\overline{)1.7.8} \atop {\scriptstyle ×10 \quad ×10}} \quad \Rightarrow \quad \begin{array}{r} 0.7 \\ 2.5\overline{)1.7.8} \\ 1\,7\,5 \\ \hline 0.0\,3 \end{array}$$

あまりの小数点は
わられる数のもとの
小数点の位置にそろ
えてうつよ。

1 商は $\frac{1}{10}$ の位まで求め，あまりも出しましょう。　　　〔1問　4点〕

① $3.6\overline{)2.9\ 2}$

② $7.4\overline{)4.5\ 1}$

③ $4.28\overline{)3.8\ 6\ 2}$

④ $2.9\overline{)2\ 1.8\ 4}$

⑤ $0.63\overline{)5.2}$

⑥ $3.24\overline{)3\ 4.3\ 6}$

2 商は $\frac{1}{10}$ の位まで求め，あまりも出しましょう。　　　〔1問　4点〕

① $4.2\overline{)4}$

② $0.8\overline{)5}$

③ $2.6\overline{)9}$

④ $28.3\overline{)1\ 2}$

⑤ $3.7\overline{)2\ 3}$

⑥ $10.4\overline{)3\ 8}$

3 商は $\frac{1}{10}$ の位まで求め，あまりも出しましょう。　〔1問　4点〕

① $4.3\overline{)3.1}$

② $7.2\overline{)5}$

③ $1.6\overline{)14}$

④ $6.7\overline{)32.25}$

⑤ $4.5\overline{)28}$

⑥ $0.38\overline{)1.34}$

⑦ $12.8\overline{)31}$

⑧ $2.56\overline{)23.81}$

⑨ $5.4\overline{)46.5}$

4 商は $\frac{1}{10}$ の位まで求め，あまりも出しましょう。　〔1問　4点〕

① $22.3 \div 6.4$

② $17 \div 3.9$

③ $13 \div 15.2$

④ $6.81 \div 0.74$

26 商をがい数で求める (1/10の位まで)

例

1.6÷2.4の商を四捨五入して, 1/10 の位までのがい数で求める。

2.4)1.6 ⇨ 2.4)1.6 ⇨

```
          0.66
      2.4)1.6.0
          1 4 4
            1 6 0
            1 4 4
              1 6
```

商は 1/100 の位を四捨五入するよ。

1 商は四捨五入して, 1/10 の位までのがい数で求めましょう。 〔1問 5点〕

① 3.6)2.8

② 1.7)0.9

③ 0.9)0.6

④ 0.53)4.2

⑤ 2.36)6.5 2

⑥ 0.41)0.8 5

2 商は四捨五入して, 1/10 の位までのがい数で求めましょう。 〔1問 5点〕

① 1.3)6

② 15.6)8

③ 0.82)5

3 商は四捨五入して，$\frac{1}{10}$ の位までのがい数で求めましょう。　　〔1問　5点〕

① 2.9$\overline{)4.3}$

② 4.3$\overline{)8}$

③ 3.46$\overline{)2.5\,2}$

④ 18.7$\overline{)1\,7}$

⑤ 0.54$\overline{)3.8}$

⑥ 6.8$\overline{)1\,2.3}$

4 商は四捨五入して，$\frac{1}{10}$ の位までのがい数で求めましょう。　　〔1問　9点〕

① $3.25 \div 6.3$

② $14 \div 1.56$

5 黄色いテープが6.7m，白いテープが4.5mあります。黄色いテープの長さは白いテープの長さの約何倍ですか。答えは四捨五入して $\frac{1}{10}$ の位までのがい数で求めましょう。　　〔7点〕

式

答え（　　　　　　　　）

27 商をがい数で求める（上から2けた）

例

0.62÷0.84の商を四捨五入して，上から2けたのがい数で求める。

$$0.84{\overline{\smash{\big)}\,0.62}} \Rightarrow 0.84{\overline{\smash{\big)}\,0.62}} \Rightarrow$$

```
          0.7 3 8
0.84)0.6 2.0
     5 8 8
       3 2 0
       2 5 2
         6 8 0
         6 7 2
             8
```

商が1より小さいとき，一の位の0は数えないよ。だから，上から2けたというのは，$\frac{1}{100}$の位までのことだよ。

1 商は四捨五入して，上から2けたのがい数で求めましょう。　〔1問　7点〕

① 0.56)0.4 1

② 2.4)1.7

③ 0.93)1.0 8

2 商は四捨五入して，上から2けたのがい数で求めましょう。　〔1問　7点〕

① 1.2)5

② 3.6)1 2

③ 2.8)1.5

3 商は四捨五入して，上から2けたのがい数で求めましょう。　〔1問　7点〕

① 3.6$\overline{)8.2}$

② 0.24$\overline{)4}$

③ 0.87$\overline{)0.5\,4}$

④ 9.8$\overline{)5}$

⑤ 0.63$\overline{)1\,2.4}$

⑥ 17.2$\overline{)3\,5}$

4 商は四捨五入して，上から2けたのがい数で求めましょう。　〔1問　8点〕

① 4 ÷ 4.7

② 2.7 ÷ 0.66

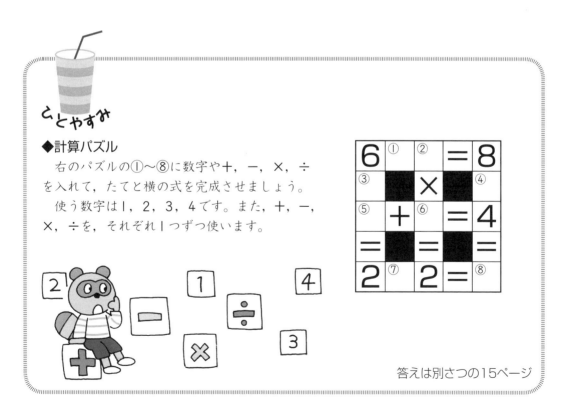

ひとやすみ

◆計算パズル

　右のパズルの①〜⑧に数字や＋，－，×，÷
を入れて，たてと横の式を完成させましょう。

　使う数字は1，2，3，4です。また，＋，－，
×，÷を，それぞれ1つずつ使います。

答えは別さつの15ページ

28 まとめの練習

1 商は一の位まで求め, あまりも出しましょう。　　　〔1問　5点〕

① 0.36)2.9

② 4.2)5 5

③ 9.4)5 6.5

④ 8.7)8 0

⑤ 1.03)1 7.8

⑥ 2.34)8 2

2 商は $\frac{1}{10}$ の位まで求め, あまりも出しましょう。　　　〔1問　5点〕

① 0.9)4

② 0.81)4.2 2

③ 22.4)3 6

④ 7.6)6.1

⑤ 15.2)1 1

⑥ 4.3)4 1.4

3 30Lのとう油を, 2.4L入りの容器に入れます。2.4L入った容器は何こできますか。また, とう油は何L残りますか。　　　〔10点〕

[式]

答え（　　　　　　　　）

4 商は四捨五入して，上から2けたのがい数で求めましょう。 〔1問　5点〕

① 0.79$\overline{)1.0\,6}$

② 3.6$\overline{)4\,2}$

③ 4.5$\overline{)2.8}$

④ 15.4$\overline{)1\,4}$

⑤ 0.43$\overline{)0.2\,6}$

⑥ 8.2$\overline{)3\,6}$

ひとやすみ

◆数字クロスワードパズル

右の□に，1けたずつ数字を入れます（例：25）。次の数をたて，横にならべて，パズルを完成させましょう。（2はすでに入れてあります。）

25　28　57

372　444　467　487
542　583　612

3147　4653　4820
4937　5326　5474
7278　7453

34732　38792
48936　63752

答えは別さつの15ページ

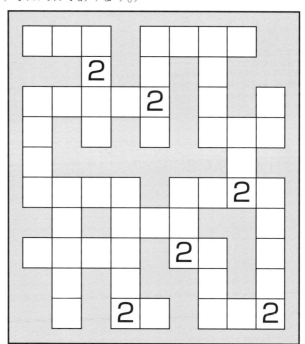

29 小数のかけ算とわり算のまとめ

得点

点

1 次の計算をしましょう。　　　　　　　　　　　　　〔1問　5点〕

① 　1.43
　×0.96

② 　　74
　×1.25

③ 　0.68
　×　5.6

④ 　235
　×0.47

⑤ 　20.6
　×　4.9

⑥ 　0.604
　×　0.83

2 次のわり算をわり切れるまでしましょう。　　　　　〔1問　5点〕

① 0.6〉0.162

② 2.4〉8.4

③ 7.5〉36

④ 1.58〉9.48

⑤ 9.2〉5.98

⑥ 3.04〉22.8

3 次の計算を筆算でしましょう。わり算はわり切れるまでしましょう。〔1問　5点〕

① 8.04 × 2.5

② 72 ÷ 9.6

③ 36 × 0.28

④ 15.3 ÷ 4.25

4 商は $\frac{1}{10}$ の位まで求め，あまりも出しましょう。　　　〔1問　6点〕

① 26.6 ÷ 7.8

② 12 ÷ 14.7

5 横が 3.8 m，面積が 9.5 m² の長方形の形をした花だんがあります。この花だんのたての長さは何 m ですか。（たての長さは，面積÷横の長さ で求められます。）〔8点〕

〔式〕

答え（　　　　　　　　　）

30 ◆3つの小数の計算

●×▲×■

点

例

1.6×2.5×3.2＝12.8

1.6×2.5＝4
4×3.2＝12.8
だね。筆算で計
算しよう。

2.5×3.2＝8
1.6×8＝12.8
としても同じだね。

1 次の計算をしましょう。　　　　　　　　　〔1問　16点〕

① 4.8×2.5×3.6

② 0.6×1.5×4.2

③ 0.9×0.2×2.3

④ 5.2×0.5×3.4

⑤ 9.4×1.5×0.8

⑥ 7.6×2.4×0.5

2 たてが1.2m，横が2.5m，高さが1.6mの直方体の体積は何m³になりますか。
（直方体の体積は，たて×横×高さ　で求められます。）〔4点〕

式

答え（　　　　　　　）

◆小数◆

◆3つの小数の計算

● × ▲ ÷ ■

例

$3.6 × 1.5 ÷ 2.4 = 5.4 ÷ 2.4$
$= 2.25$

左からじゅんに
計算するよ。

1 次の計算をしましょう。わり算はわり切れるまでしましょう。 〔1問 16点〕

① $2.8 × 4.5 ÷ 3.6$

② $1.6 × 1.5 ÷ 0.8$

③ $5.2 × 0.6 ÷ 1.6$

④ $2.4 × 1.8 ÷ 1.5$

⑤ $4.8 × 2.5 ÷ 3.2$

⑥ $6.4 × 1.5 ÷ 2.5$

2 たてが 3.2 cm，横が 4.5 cm の長方形があります。この長方形と同じ面積で，たてが 3.6 cm になる長方形をつくるには，横の長さを何 cm にすればよいでしょうか。1つの式に表してから求めましょう。 〔4点〕

式

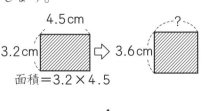

4.5 cm
3.2 cm
3.6 cm
?
面積＝3.2×4.5

答え ( )

●÷▲×■

例

3.84÷1.6×2.3＝2.4×2.3
　　　　　　＝5.52

左からじゅんに
計算するよ。

1 次の計算をしましょう。　　　　　　　　　　〔1問　10点〕

①　8.5÷2.5×1.4

②　4.8÷3.2×2.6

③　3.6÷0.8×1.9

④　1.44÷0.4×5.2

⑤　6.48÷2.7×3.5

⑥　5.46÷4.2×2.8

⑦　5.04÷3.6×2.7

⑧　7.6÷9.5×6.5

⑨　3.6÷0.9×7.8

⑩　8.84÷2.6×3.2

◆3つの小数の計算

 ● ÷ ▲ ÷ ■

例

3.6÷1.8÷0.4=2÷0.4
　　　　　　　=5

左からじゅんに
計算するよ。

1 次の計算をわり切れるまでしましょう。　　　　　　　〔1問　10点〕

① 4.8÷2.4÷0.2

② 9.6÷3.2÷0.6

③ 5.6÷1.4÷2.5

④ 8.4÷2.8÷2.4

⑤ 5.4÷3.6÷1.2

⑥ 3.12÷1.3÷1.6

⑦ 3.36÷0.7÷1.5

⑧ 6.48÷0.9÷4.5

⑨ 0.6÷0.5÷0.8

⑩ 2.72÷0.8÷2.5

34

●×(▲＋■)，●×(▲－■)

例

2.5×(1.4＋0.9)＝2.5×2.3
　　　　　　　＝5.75

かっこの中を先に
計算するよ。

1 次の計算をしましょう。　　　　　　　　　　　　　〔1問　12点〕

①　1.6×(2.3＋1.2)

②　2.8×(0.7＋1.9)

③　4.2×(0.15＋0.21)

④　0.54×(2.9＋0.6)

2 次の計算をしましょう。　　　　　　　　　　　　　〔1問　13点〕

①　1.3×(4.2－1.7)

②　4.2×(3.1－0.7)

③　2.6×(1.03－0.48)

④　0.7×(3.6－1.42)

35 （●＋▲）×■，（●－▲）×■

例

$(1.8+0.4)×4.6=2.2×4.6$
$=10.12$

かっこの中を先に
計算するよ。

1 次の計算をしましょう。 〔1問 12点〕

① $(0.8+2.6)×1.4$

② $(1.9+1.2)×3.5$

③ $(4.3+0.85)×3.2$

④ $(1.75+2.08)×0.6$

2 次の計算をしましょう。 〔1問 13点〕

① $(7.3-5.8)×2.6$

② $(6-4.2)×1.3$

③ $(1.42-0.6)×3.5$

④ $(10.5-9.64)×0.42$

36

●÷(▲＋■)，●÷(▲－■)

得点

点

例

4.08÷(2.3－0.6)＝4.08÷1.7
　　　　　　　　＝2.4

かっこの中を先に
計算するよ。

1 次の計算をしましょう。わり算はわり切れるまでしましょう。　〔1問　12点〕

① 8.96÷(1.4＋1.8)

② 19.44÷(0.9＋2.7)

③ 4.32÷(0.53＋0.19)

④ 19.04÷(1.26＋4.18)

2 次の計算をしましょう。わり算はわり切れるまでしましょう。　〔1問　13点〕

① 2.88÷(1.8－0.9)

② 12.42÷(4.3－1.6)

③ 13.5÷(3.2－1.7)

④ 5.45÷(5.04－2.86)

◆3つの小数の計算

（●＋▲）÷■，（●－▲）÷■

例

(18.1−3.7)÷4.5=14.4÷4.5
　　　　　　　　=3.2

かっこの中を先に計算するよ。

1 次の計算をしましょう。わり算はわり切れるまでしましょう。　〔1問　12点〕

① （8.3＋6.4)÷3.5

② （1.9＋5.9)÷5.2

③ （7.8＋3.2)÷2.75

④ （1.96＋3.08)÷0.84

2 次の計算をしましょう。わり算はわり切れるまでしましょう。　〔1問　13点〕

① （10.1−1.6)÷3.4

② （11.3−0.14)÷6.2

③ （9.2−5.6)÷0.45

④ （6.03−1.89)÷2.76

38 まとめの練習

1 次の計算をしましょう。　　　　　　　　　　　　　〔1問　4点〕

① $0.3 \times 4.5 \times 2.4$

② $6.3 \times 1.8 \div 5.4$

③ $1.68 \div 0.6 \times 4.2$

④ $8.4 \div 2.4 \div 0.7$

2 次の計算をしましょう。　　　　　　　　　　　　　〔1問　4点〕

① $1.8 \times (4.2 + 1.4)$

② $0.6 \times (2.4 - 0.5)$

③ $(3.9 + 0.6) \times 2.3$

④ $(5 - 0.4) \times 1.2$

3 次の計算をしましょう。　　　　　　　　　　　　　〔1問　4点〕

① $3.9 \div (2.1 - 0.6)$

② $11.1 \div (1.82 + 0.4)$

③ $(10.6 + 4.94) \div 4.2$

④ $(10 - 1.72) \div 3.6$

4 次の計算をしましょう。 〔1問 4点〕

① 4.3 × 0.5 × 6.2

② 3.6 ÷ 2.4 ÷ 0.6

③ 0.6 × 7.2 ÷ 4.5

④ 3.2 × 1.8 × 2.5

⑤ 4.05 ÷ 0.9 × 1.4

⑥ 6.4 × 1.5 ÷ 1.2

5 次の計算をしましょう。 〔1問 4点〕

① 4.68 ÷ (3.6 − 2.7)

② (0.94 + 1.8) × 2.5

③ 2.03 × (0.4 + 0.9)

④ (7.14 − 2.46) ÷ 1.8

⑤ (2 − 0.14) × 4.5

⑥ 9.12 ÷ (0.65 + 1.25)

⑦ 8.6 × (1.3 − 0.6)

39 ×,＋のまじった小数の計算

例

1.6＋0.8×3.2＝1.6＋2.56
　　　　　　＝4.16

かけ算を先に
計算するよ。

1 次の計算をしましょう。　　　　　　　　　　　　　〔1問　12点〕

①　2.9＋0.7×1.6

②　1.5＋2.4×1.2

③　0.38＋0.94×1.5

④　3.75＋8.6×0.4

2 次の計算をしましょう。　　　　　　　　　　　　　〔1問　13点〕

①　4.2×0.8＋0.94

②　0.6×2.5＋4.75

③　7.3×1.4＋1.58

④　1.04×8.5＋1.16

40 ×,－のまじった小数の計算

得点

点

例

3.2－1.6×1.5＝3.2－2.4
　　　　＝0.8

かけ算を先に
計算するよ。

1 次の計算をしましょう。　　　　　　　　　　　　〔1問　12点〕

① 4.1－2.4×0.5

② 5.2－1.8×2.3

③ 2－0.65×2.8

④ 3.42－3.7×0.9

2 次の計算をしましょう。　　　　　　　　　　　　〔1問　13点〕

① 3.6×0.3－0.79

② 0.8×5.2－4.06

③ 2.8×3.5－8.15

④ 0.45×3.2－0.78

41 ÷，＋のまじった小数の計算

得点

点

例

1.8＋2.88÷1.2＝1.8＋2.4
　　　　　　　＝4.2

わり算を先に
計算するよ。

1 次の計算をしましょう。　　　　　　　　　　　　　　〔1問　12点〕

① 3.9＋3.68÷1.6

② 0.8＋5.4÷4.5

③ 2.03＋7.2÷2.4

④ 2.5＋11.31÷3.9

2 次の計算をしましょう。　　　　　　　　　　　　　　〔1問　13点〕

① 4.42÷2.6＋3.4

② 4.8÷3.2＋0.9

③ 4.8÷1.2＋1.09

④ 1.19÷0.85＋0.63

42 ÷，－のまじった小数の計算

得点

点

例

$3.5-3.91÷2.3=3.5-1.7$
$=1.8$

わり算を先に
計算するよ。

1 次の計算をしましょう。　　　　　　　　　　　　〔1問　12点〕

① $4.2-4.68÷1.8$

② $3-6.46÷3.4$

③ $6.01-10.92÷2.6$

④ $7.2-2.4÷0.48$

2 次の計算をしましょう。　　　　　　　　　　　　〔1問　13点〕

① $3.68÷2.3-0.9$

② $2.72÷0.8-1.56$

③ $3.8÷0.76-4.03$

④ $0.62÷1.24-0.03$

得点

点

43 ◆小数の計算
●×▲＋●×■

例

$$1.6 \times 2.3 + 1.6 \times 1.7 = 1.6 \times (2.3 + 1.7)$$
$$= 1.6 \times 4$$
$$= 6.4$$

1.6×(2.3＋1.7)
として計算すると
かんたんだよ。

1 次の計算をしましょう。　　　　　　　　　　　〔1問　12点〕

①　$2.8 \times 1.4 + 2.8 \times 1.6$　　　②　$3.2 \times 0.8 + 3.2 \times 4.2$

③　$1.7 \times 5.5 + 1.7 \times 4.5$　　　④　$2.4 \times 3.9 + 2.4 \times 1.1$

2 次の計算をしましょう。　　　　　　　　　　　〔1問　13点〕

①　$1.5 \times 4.3 + 2.5 \times 4.3$　　　②　$2.7 \times 1.6 + 2.3 \times 1.6$

③　$6.7 \times 5.9 + 3.3 \times 5.9$　　　④　$1.3 \times 3.8 + 3.7 \times 3.8$

◆小数の計算

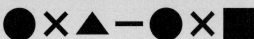

● × ▲ ー ● × ■

例

2.7×5.2−2.7×4.2＝2.7×(5.2−4.2)
　　　　　　　＝2.7×1
　　　　　　　＝2.7

2.7×(5.2−4.2)
として計算すると
かんたんだよ。

1 次の計算をしましょう。　　　　　　　　　　　　　　　　　〔1問　12点〕

①　3.6×1.2−3.6×0.2

②　4.8×7.3−4.8×2.3

③　1.4×2.9−1.4×2.4

④　7.2×4.5−7.2×4.4

2 次の計算をしましょう。　　　　　　　　　　　　　　　　　〔1問　13点〕

①　5.5×6.7−4.5×6.7

②　9.4×2.5−5.4×2.5

③　1.9×6.8−1.4×6.8

④　8.2×2.3−8.1×2.3

45 まとめの練習

1 次の計算をしましょう。 〔1問 4点〕

① 3.6＋0.8×2.4

② 10－2.06×4.5

③ 0.42×3.5＋0.83

④ 0.75×2.4－1.39

2 次の計算をしましょう。 〔1問 4点〕

① 1.7＋5.6÷1.6

② 1.2－1.52÷3.8

③ 9.8÷3.5＋2.4

④ 2.56÷0.32－7.23

3 次の計算をしましょう。 〔1問 4点〕

① 1.9×2.3＋1.9×0.7

② 2.8×4.6＋2.8×5.4

③ 2.1×3.5＋1.9×3.5

④ 7.2×6.3＋2.8×6.3

4 次の計算をしましょう。 〔1問 4点〕

① $3.5 \times 4.2 - 3.5 \times 2.2$

② $1.9 \times 6.7 - 1.9 \times 6.6$

③ $5.3 \times 7.8 - 4.3 \times 7.8$

④ $4.1 \times 2.4 - 3.6 \times 2.4$

5 次の計算をしましょう。 〔1問 4点〕

① $0.9 \times 1.4 - 0.72$

② $0.45 + 5.6 \div 3.2$

③ $2.3 + 1.6 \times 2.4$

④ $1.68 \div 0.7 - 1.5$

⑤ $5.2 - 4.5 \times 0.8$

⑥ $2.7 \div 0.45 - 0.36$

⑦ $2.8 \times 1.4 + 2.2 \times 1.4$

⑧ $6.9 \times 2.5 - 2.9 \times 2.5$

⑨ $3.8 \times 7.1 + 3.8 \times 2.9$

46 3つ以上の小数の計算のまとめ

1 次の計算をしましょう。 〔1問 5点〕

① 2.4×0.9×2.5

② 4.2×1.8÷0.6

③ 4.16÷1.3×0.35

④ 12.15÷2.7÷0.9

2 次の計算をしましょう。 〔1問 5点〕

① (3−1.92)÷0.45

② (1.8+0.7)×3.4

③ 2.79÷(1.2+1.9)

④ 0.8×(1.18+0.57)

3 次の計算をしましょう。 〔1問 5点〕

① 5.1−3.2×1.5

② 2.4+4.64÷2.9

③ 1.6×2.3+1.6×2.7

④ 3.9×7.5−3.9×7.3

4 次の計算をしましょう。 〔1問 5点〕

① $(4.3 - 1.7) \times 3.8$

② $3.2 \times 1.4 \times 1.5$

③ $1.2 - 0.34 \times 2.5$

④ $1.47 \div (2.3 - 1.7)$

⑤ $5.6 \times 0.9 \div 2.8$

⑥ $2.7 \times 3.6 - 2.2 \times 3.6$

⑦ $7 - 1.47 \div 0.42$

⑧ $10.4 \div 2.6 \times 0.85$

ひとやすみ

◆小数のいろいろ

0.5や0.28や3.769などのような小数を，有限小数ということがあります。

小学校では，ふつうこの有限小数を小数といっています。

1÷2は，0.5となって有限小数となります。ところが，1÷3は，0.333……となって，小数点以下の3がわり切れず，どこまでも続いてしまいます。このような小数を循環小数といいます。

分数を小数になおすと，必ず有限小数か循環小数になります。

あなたも実際に確かめてみましょう。

47 基本の練習(約分)

得点

点

1 次の□にあてはまる数を書きましょう。　　　　　　　〔1問全部できて　5点〕

① $\dfrac{1}{3} = \dfrac{1 \times \boxed{}}{3 \times \boxed{}} = \dfrac{2}{6}$

② $\dfrac{2}{3} = \dfrac{2 \times \boxed{}}{3 \times \boxed{}} = \dfrac{8}{12}$

③ $\dfrac{3}{6} = \dfrac{3 \div \boxed{}}{6 \div \boxed{}} = \dfrac{1}{2}$

④ $\dfrac{15}{20} = \dfrac{15 \div \boxed{}}{20 \div \boxed{}} = \dfrac{3}{4}$

2 次の分数を約分しましょう。　　　　　　　　　　　〔1問　5点〕

① $\dfrac{2}{4}$

② $\dfrac{2}{6}$

③ $\dfrac{3}{9}$

④ $\dfrac{4}{12}$

⑤ $\dfrac{4}{10}$

⑥ $\dfrac{6}{9}$

⑦ $\dfrac{8}{12}$

⑧ $\dfrac{10}{25}$

⑨ $\dfrac{16}{24}$

⑩ $\dfrac{16}{64}$

⑪ $\dfrac{18}{36}$

⑫ $\dfrac{27}{72}$

⑬ $1\dfrac{6}{12}$

⑭ $1\dfrac{12}{16}$

⑮ $2\dfrac{18}{24}$

⑯ $2\dfrac{21}{28}$

◆分数

48 基本の練習(通分)

1 次の□にあてはまる数を書きましょう。　　〔1問全部できて　5点〕

① $\dfrac{3}{4} = \dfrac{6}{\square} = \dfrac{\square}{12}$

② $\dfrac{2}{3} = \dfrac{6}{\square} = \dfrac{\square}{12}$

③ $\dfrac{3}{12} = \dfrac{1}{\square} = \dfrac{\square}{8}$

④ $\dfrac{10}{15} = \dfrac{\square}{3} = \dfrac{8}{\square}$

2 次の( )の中の分数を通分しましょう。　　〔1問　8点〕

① $\left(\dfrac{1}{3}, \ \dfrac{1}{2} \right)$

② $\left(\dfrac{1}{4}, \ \dfrac{2}{3} \right)$

③ $\left(\dfrac{2}{5}, \ \dfrac{3}{4} \right)$

④ $\left(\dfrac{1}{4}, \ \dfrac{3}{8} \right)$

⑤ $\left(\dfrac{2}{5}, \ \dfrac{7}{15} \right)$

⑥ $\left(\dfrac{1}{8}, \ \dfrac{1}{6} \right)$

⑦ $\left(\dfrac{5}{6}, \ \dfrac{4}{9} \right)$

⑧ $\left(\dfrac{5}{12}, \ \dfrac{3}{8} \right)$

⑨ $\left(\dfrac{1}{2}, \ \dfrac{2}{3}, \ \dfrac{5}{6} \right)$

⑩ $\left(\dfrac{3}{4}, \ \dfrac{4}{5}, \ \dfrac{7}{10} \right)$

49 真分数＋真分数＝真分数（約分なし）

例

$$\frac{1}{2}+\frac{1}{5}=\frac{5}{10}+\frac{2}{10}$$
$$=\frac{7}{10}$$

分母のちがう分数のたし算は通分してから計算するよ。

1 次の計算をしましょう。　　　　　　　　　　　　　　〔1問　4点〕

① $\dfrac{1}{2}+\dfrac{1}{3}$

② $\dfrac{1}{4}+\dfrac{1}{2}$

③ $\dfrac{1}{3}+\dfrac{1}{4}$

④ $\dfrac{1}{9}+\dfrac{1}{3}$

⑤ $\dfrac{1}{5}+\dfrac{1}{6}$

⑥ $\dfrac{1}{10}+\dfrac{1}{5}$

2 次の計算をしましょう。　　　　　　　　　　　　　　〔1問　4点〕

① $\dfrac{1}{2}+\dfrac{2}{7}$

② $\dfrac{2}{5}+\dfrac{1}{3}$

③ $\dfrac{1}{3}+\dfrac{3}{8}$

④ $\dfrac{3}{4}+\dfrac{1}{6}$

⑤ $\dfrac{1}{4}+\dfrac{2}{9}$

⑥ $\dfrac{5}{12}+\dfrac{1}{8}$

3 次の計算をしましょう。 〔1問 4点〕

① $\dfrac{4}{5}+\dfrac{2}{15}$　　　　② $\dfrac{1}{4}+\dfrac{1}{6}$

③ $\dfrac{1}{6}+\dfrac{2}{9}$　　　　④ $\dfrac{3}{8}+\dfrac{1}{16}$

⑤ $\dfrac{2}{3}+\dfrac{1}{8}$　　　　⑥ $\dfrac{2}{7}+\dfrac{1}{4}$

⑦ $\dfrac{1}{4}+\dfrac{2}{5}$　　　　⑧ $\dfrac{5}{18}+\dfrac{4}{9}$

⑨ $\dfrac{2}{3}+\dfrac{1}{4}$　　　　⑩ $\dfrac{1}{8}+\dfrac{5}{6}$

⑪ $\dfrac{1}{5}+\dfrac{3}{20}$　　　　⑫ $\dfrac{5}{9}+\dfrac{1}{12}$

4 牛にゅうが1つのびんに $\dfrac{1}{5}$ L，もう1つのびんに $\dfrac{1}{3}$ L入っています。牛にゅうは全部で何Lありますか。 〔4点〕

[式]

答え（　　　　　　　）

50 真分数＋真分数＝真分数（約分あり）

例

$$\frac{2}{5}+\frac{1}{10}=\frac{4}{10}+\frac{1}{10}$$
$$=\frac{\overset{1}{\cancel{5}}}{\underset{2}{\cancel{10}}}=\frac{1}{2}$$

答えが約分できるときは，できるだけかんたんな分数になおそう。

1 次の計算をしましょう。　〔1問　4点〕

① $\dfrac{1}{2}+\dfrac{1}{6}$

② $\dfrac{1}{6}+\dfrac{1}{3}$

③ $\dfrac{1}{4}+\dfrac{1}{12}$

④ $\dfrac{1}{20}+\dfrac{1}{5}$

2 次の計算をしましょう。　〔1問　4点〕

① $\dfrac{1}{2}+\dfrac{3}{10}$

② $\dfrac{7}{15}+\dfrac{1}{3}$

③ $\dfrac{1}{4}+\dfrac{7}{12}$

④ $\dfrac{3}{10}+\dfrac{1}{5}$

⑤ $\dfrac{1}{6}+\dfrac{3}{10}$

⑥ $\dfrac{7}{18}+\dfrac{1}{9}$

3 次の計算をしましょう。 〔1問 4点〕

① $\dfrac{1}{5} + \dfrac{2}{15}$

② $\dfrac{5}{12} + \dfrac{1}{3}$

③ $\dfrac{1}{10} + \dfrac{1}{2}$

④ $\dfrac{2}{3} + \dfrac{2}{15}$

⑤ $\dfrac{7}{12} + \dfrac{1}{6}$

⑥ $\dfrac{5}{6} + \dfrac{1}{10}$

⑦ $\dfrac{1}{3} + \dfrac{1}{15}$

⑧ $\dfrac{1}{8} + \dfrac{7}{24}$

⑨ $\dfrac{5}{9} + \dfrac{5}{18}$

⑩ $\dfrac{3}{20} + \dfrac{3}{5}$

⑪ $\dfrac{5}{18} + \dfrac{1}{6}$

⑫ $\dfrac{1}{6} + \dfrac{2}{15}$

4 $\dfrac{1}{5}$kg のふくろに，みかんを $\dfrac{7}{15}$kg 入れました。全体の重さは何kg ですか。

〔12点〕

式

答え (　　　　　　　　)

51 真分数＋真分数（くり上がる, 約分なし）

例

$$\frac{1}{3}+\frac{3}{4}=\frac{4}{12}+\frac{9}{12}$$
$$=\frac{13}{12}=1\frac{1}{12}$$

答えが仮分数になったときは，帯分数になおすと大きさがわかりやすいね。

1 次の計算をしましょう。　　　　　　　　　　　　　〔1問　4点〕

① $\dfrac{1}{2}+\dfrac{2}{3}$

② $\dfrac{3}{4}+\dfrac{1}{2}$

③ $\dfrac{1}{2}+\dfrac{3}{5}$

④ $\dfrac{4}{5}+\dfrac{1}{2}$

⑤ $\dfrac{1}{3}+\dfrac{4}{5}$

⑥ $\dfrac{5}{6}+\dfrac{1}{3}$

⑦ $\dfrac{1}{3}+\dfrac{7}{8}$

⑧ $\dfrac{7}{9}+\dfrac{1}{3}$

⑨ $\dfrac{1}{4}+\dfrac{4}{5}$

⑩ $\dfrac{5}{6}+\dfrac{1}{4}$

⑪ $\dfrac{1}{5}+\dfrac{5}{6}$

⑫ $\dfrac{7}{8}+\dfrac{1}{5}$

2 次の計算をしましょう。 〔1問 4点〕

① $\dfrac{2}{3}+\dfrac{3}{4}$

② $\dfrac{5}{6}+\dfrac{2}{5}$

③ $\dfrac{1}{2}+\dfrac{7}{8}$

④ $\dfrac{5}{12}+\dfrac{2}{3}$

⑤ $\dfrac{3}{4}+\dfrac{3}{5}$

⑥ $\dfrac{3}{8}+\dfrac{5}{6}$

⑦ $\dfrac{1}{3}+\dfrac{6}{7}$

⑧ $\dfrac{5}{9}+\dfrac{1}{2}$

⑨ $\dfrac{1}{4}+\dfrac{7}{8}$

⑩ $\dfrac{1}{6}+\dfrac{8}{9}$

⑪ $\dfrac{3}{10}+\dfrac{3}{4}$

⑫ $\dfrac{2}{3}+\dfrac{3}{5}$

3 れんさんのクラスでは，花だんの $\dfrac{3}{4}$ m² にヒヤシンスを，$\dfrac{2}{5}$ m² にチューリップを植えました。あわせて何m²植えましたか。 〔4点〕

式

答え（　　　　　　　　　）

52 真分数＋真分数（くり上がる, 約分あり）

得点

点

例

$$\frac{11}{12}+\frac{1}{3}=\frac{11}{12}+\frac{4}{12}$$
$$=\frac{\overset{5}{\cancel{15}}}{\cancel{12}}=\frac{5}{4}=1\frac{1}{4}$$

答えが約分できるときは, できるだけかんたんな分数になおそう。

1 次の計算をしましょう。 〔1問 4点〕

① $\dfrac{1}{2}+\dfrac{5}{6}$

② $\dfrac{7}{10}+\dfrac{1}{2}$

③ $\dfrac{1}{2}+\dfrac{9}{10}$

④ $\dfrac{11}{12}+\dfrac{1}{4}$

2 次の計算をしましょう。 〔1問 4点〕

① $\dfrac{2}{3}+\dfrac{5}{6}$

② $\dfrac{7}{12}+\dfrac{2}{3}$

③ $\dfrac{3}{4}+\dfrac{5}{12}$

④ $\dfrac{7}{12}+\dfrac{3}{4}$

⑤ $\dfrac{3}{5}+\dfrac{9}{10}$

⑥ $\dfrac{8}{15}+\dfrac{4}{5}$

3 次の計算をしましょう。 〔1問 4点〕

① $\dfrac{3}{10} + \dfrac{5}{6}$

② $\dfrac{11}{15} + \dfrac{2}{3}$

③ $\dfrac{3}{4} + \dfrac{11}{12}$

④ $\dfrac{1}{3} + \dfrac{11}{12}$

⑤ $\dfrac{5}{8} + \dfrac{11}{24}$

⑥ $\dfrac{5}{6} + \dfrac{5}{12}$

⑦ $\dfrac{5}{9} + \dfrac{11}{18}$

⑧ $\dfrac{5}{24} + \dfrac{7}{8}$

⑨ $\dfrac{4}{15} + \dfrac{5}{6}$

⑩ $\dfrac{7}{10} + \dfrac{4}{5}$

⑪ $\dfrac{13}{18} + \dfrac{7}{9}$

⑫ $\dfrac{5}{6} + \dfrac{5}{18}$

4 ゆうきさんは，ジュースをきのうは$\dfrac{4}{5}$L，きょうは$\dfrac{7}{10}$L飲みました。あわせて何L飲みましたか。 〔12点〕

[式]

答え （ 　　　　　 ）

53 仮分数のたし算 (約分なし)

得点

点

例

$$\frac{5}{4}+\frac{3}{8}=\frac{10}{8}+\frac{3}{8}$$
$$=\frac{13}{8}=1\frac{5}{8}$$

真分数どうしのたし算と同じように，通分してから計算するよ。

1 次の計算をしましょう。　　　　　　　　　　〔1問　11点〕

① $\dfrac{5}{3}+\dfrac{1}{4}$

② $\dfrac{11}{9}+\dfrac{1}{6}$

③ $\dfrac{6}{5}+\dfrac{9}{10}$

④ $\dfrac{3}{2}+\dfrac{2}{7}$

2 次の計算をしましょう。　　　　　　　　　　〔1問　11点〕

① $\dfrac{4}{3}+\dfrac{13}{12}$

② $\dfrac{7}{6}+\dfrac{9}{8}$

③ $\dfrac{8}{7}+\dfrac{15}{14}$

④ $\dfrac{5}{4}+\dfrac{11}{10}$

3 かほさんはリボンを $\dfrac{7}{4}$ m，妹は $\dfrac{5}{6}$ m もっています。リボンは全部で何mありますか。　　　　　　　　　　　　　　　　　　　　　　　〔12点〕

式

答え（　　　　　　　　）

54 ◆分数のたし算
仮分数のたし算（約分あり）

例

$$\frac{5}{3}+\frac{5}{6}=\frac{10}{6}+\frac{5}{6}$$

$$=\frac{\overset{5}{\cancel{15}}}{\underset{2}{\cancel{6}}}=\frac{5}{2}=2\frac{1}{2}$$

答えが約分できるときは，できるだけかんたんな分数になおそう。

1 次の計算をしましょう。　　　　　　　　　　〔1問　11点〕

① $\dfrac{6}{5}+\dfrac{2}{15}$

② $\dfrac{7}{6}+\dfrac{9}{10}$

③ $\dfrac{11}{9}+\dfrac{5}{18}$

④ $\dfrac{13}{12}+\dfrac{4}{15}$

2 次の計算をしましょう。　　　　　　　　　　〔1問　11点〕

① $\dfrac{5}{2}+\dfrac{13}{6}$

② $\dfrac{4}{3}+\dfrac{7}{6}$

③ $\dfrac{7}{5}+\dfrac{11}{10}$

④ $\dfrac{13}{12}+\dfrac{5}{3}$

3 さとうが，大きな入れものに $\dfrac{5}{2}$ kg，小さな入れものに $\dfrac{3}{10}$ kg 入っています。さとうは全部で何kgありますか。　　　　〔12点〕

式

答え（　　　　　　　　）

55 帯分数＋真分数 （くり上がりなし, 約分なし）

得点

点

例

$$1\frac{3}{4}+\frac{1}{6}=1\frac{9}{12}+\frac{2}{12}$$
$$=1\frac{11}{12}$$

整数部分に
分数部分の和を
あわせるよ。

1 次の計算をしましょう。　　　　　　　　　　　　〔1問　4点〕

① $1\frac{1}{2}+\frac{1}{3}$

② $1\frac{1}{2}+\frac{2}{5}$

③ $1\frac{1}{3}+\frac{1}{4}$

④ $1\frac{1}{3}+\frac{3}{8}$

⑤ $2\frac{1}{4}+\frac{1}{6}$

⑥ $2\frac{1}{4}+\frac{2}{3}$

2 次の計算をしましょう。　　　　　　　　　　　　〔1問　4点〕

① $\frac{1}{2}+1\frac{1}{4}$

② $\frac{1}{2}+1\frac{3}{8}$

③ $\frac{1}{3}+1\frac{1}{9}$

④ $\frac{1}{3}+1\frac{7}{12}$

⑤ $\frac{1}{4}+2\frac{1}{5}$

⑥ $\frac{1}{4}+2\frac{5}{8}$

3 次の計算をしましょう。　〔1問　4点〕

① $1\dfrac{2}{3}+\dfrac{1}{4}$

② $\dfrac{1}{6}+2\dfrac{1}{8}$

③ $\dfrac{2}{5}+1\dfrac{1}{15}$

④ $1\dfrac{2}{9}+\dfrac{1}{3}$

⑤ $\dfrac{3}{8}+2\dfrac{1}{12}$

⑥ $\dfrac{1}{4}+1\dfrac{5}{16}$

⑦ $1\dfrac{1}{4}+\dfrac{3}{8}$

⑧ $3\dfrac{1}{18}+\dfrac{5}{9}$

⑨ $2\dfrac{5}{6}+\dfrac{1}{9}$

⑩ $\dfrac{2}{5}+1\dfrac{3}{10}$

⑪ $1\dfrac{4}{9}+\dfrac{1}{12}$

⑫ $\dfrac{2}{3}+3\dfrac{1}{5}$

4 みさきさんは，リボンを $\dfrac{7}{10}$ m使いましたが，リボンはまだ $1\dfrac{1}{5}$ m残っています。
はじめにリボンは何mありましたか。　〔4点〕

（式）

答え（　　　　　　　）

56 帯分数＋真分数 （くり上がりなし, 約分あり）

得点

点

例

$$1\frac{1}{3}+\frac{1}{6}=1\frac{2}{6}+\frac{1}{6}$$
$$=1\frac{\overset{1}{3}}{\underset{2}{6}}=1\frac{1}{2}$$

答えが約分できるときは、できるだけかんたんな分数にしよう。

1 次の計算をしましょう。 〔1問　4点〕

① $1\frac{1}{2}+\frac{1}{6}$

② $2\frac{1}{2}+\frac{3}{10}$

③ $1\frac{1}{4}+\frac{1}{12}$

④ $2\frac{1}{4}+\frac{7}{20}$

⑤ $1\frac{1}{5}+\frac{1}{20}$

⑥ $2\frac{1}{5}+\frac{3}{10}$

2 次の計算をしましょう。 〔1問　4点〕

① $\frac{1}{3}+1\frac{1}{6}$

② $\frac{1}{3}+2\frac{7}{15}$

③ $\frac{1}{6}+1\frac{1}{12}$

④ $\frac{1}{6}+2\frac{5}{18}$

3 次の計算をしましょう。 〔1問 4点〕

① $\dfrac{1}{3} + 1\dfrac{5}{12}$

② $1\dfrac{1}{6} + \dfrac{1}{10}$

③ $2\dfrac{1}{18} + \dfrac{5}{6}$

④ $\dfrac{3}{8} + 1\dfrac{1}{24}$

⑤ $1\dfrac{1}{10} + \dfrac{2}{5}$

⑥ $2\dfrac{1}{6} + \dfrac{2}{15}$

⑦ $\dfrac{5}{18} + 1\dfrac{5}{9}$

⑧ $2\dfrac{2}{3} + \dfrac{2}{15}$

⑨ $3\dfrac{1}{12} + \dfrac{3}{4}$

⑩ $\dfrac{7}{9} + 1\dfrac{1}{18}$

⑪ $\dfrac{5}{24} + 3\dfrac{5}{8}$

⑫ $2\dfrac{2}{5} + \dfrac{4}{15}$

4 重さ $\dfrac{1}{4}$ kg の箱に，ぶどうを $2\dfrac{7}{12}$ kg 入れました。全体の重さは何kgになりますか。 〔12点〕

式

答え（　　　　　　　）

57 帯分数＋真分数 (くり上がる, 約分なし)

例

$$1\frac{2}{3}+\frac{2}{5}=1\frac{10}{15}+\frac{6}{15}$$
$$=1\frac{16}{15}=2\frac{1}{15}$$

分数部分が仮分数になったら整数部分に1くり上げよう。

1 次の計算をしましょう。　　　　　　　　　　　〔1問　4点〕

① $1\frac{1}{2}+\frac{3}{4}$

② $2\frac{1}{2}+\frac{5}{8}$

③ $1\frac{1}{3}+\frac{5}{6}$

④ $2\frac{1}{3}+\frac{7}{8}$

⑤ $1\frac{1}{4}+\frac{4}{5}$

⑥ $2\frac{1}{4}+\frac{5}{6}$

2 次の計算をしましょう。　　　　　　　　　　　〔1問　4点〕

① $\frac{1}{2}+1\frac{3}{5}$

② $\frac{1}{2}+2\frac{7}{8}$

③ $\frac{1}{5}+1\frac{5}{6}$

④ $\frac{1}{5}+2\frac{14}{15}$

⑤ $\frac{1}{6}+1\frac{7}{8}$

⑥ $\frac{1}{6}+2\frac{11}{12}$

3 次の計算をしましょう。　　　　　　　　　　　　　　　〔1問　4点〕

① $1\dfrac{4}{5}+\dfrac{1}{2}$

② $\dfrac{3}{8}+2\dfrac{2}{3}$

③ $\dfrac{7}{9}+3\dfrac{5}{18}$

④ $1\dfrac{3}{4}+\dfrac{2}{5}$

⑤ $\dfrac{5}{8}+1\dfrac{5}{12}$

⑥ $2\dfrac{1}{2}+\dfrac{4}{7}$

⑦ $1\dfrac{2}{3}+\dfrac{3}{5}$

⑧ $\dfrac{5}{6}+1\dfrac{3}{8}$

⑨ $\dfrac{3}{4}+2\dfrac{2}{3}$

⑩ $1\dfrac{7}{9}+\dfrac{1}{2}$

⑪ $\dfrac{2}{3}+3\dfrac{5}{12}$

⑫ $2\dfrac{5}{9}+\dfrac{3}{4}$

4 料理で，さとうを $\dfrac{3}{16}$ kg 使いましたが，まだ $1\dfrac{7}{8}$ kg 残っています。さとうは，はじめに何kgありましたか。　　　　　　　　　　　　〔4点〕

式

答え（　　　　　　　　　　）

58 帯分数＋真分数 （くり上がる, 約分あり）

例

$$1\frac{2}{3}+\frac{5}{6}=1\frac{4}{6}+\frac{5}{6}$$
$$=1\frac{\overset{3}{\cancel{9}}}{\underset{2}{\cancel{6}}}=1\frac{3}{2}=2\frac{1}{2}$$

答えが約分できる
ときは約分するよ。

1 次の計算をしましょう。　　　　　　　　　　　　〔1問　4点〕

① $1\frac{1}{2}+\frac{5}{6}$

② $2\frac{1}{2}+\frac{9}{10}$

③ $1\frac{1}{3}+\frac{11}{12}$

④ $2\frac{1}{4}+\frac{11}{12}$

⑤ $1\frac{3}{4}+\frac{5}{12}$

⑥ $2\frac{4}{5}+\frac{8}{15}$

2 次の計算をしましょう。　　　　　　　　　　　　〔1問　4点〕

① $\frac{1}{2}+1\frac{7}{10}$

② $\frac{1}{6}+2\frac{17}{18}$

③ $\frac{2}{3}+1\frac{7}{12}$

④ $\frac{3}{4}+2\frac{7}{12}$

3 次の計算をしましょう。 〔1問 4点〕

① $1\dfrac{11}{12}+\dfrac{3}{4}$

② $\dfrac{2}{3}+2\dfrac{11}{15}$

③ $\dfrac{5}{6}+1\dfrac{4}{15}$

④ $1\dfrac{11}{24}+\dfrac{5}{8}$

⑤ $\dfrac{4}{5}+3\dfrac{7}{10}$

⑥ $1\dfrac{9}{10}+\dfrac{1}{2}$

⑦ $\dfrac{7}{12}+2\dfrac{2}{3}$

⑧ $\dfrac{6}{7}+1\dfrac{9}{14}$

⑨ $2\dfrac{7}{9}+\dfrac{13}{18}$

⑩ $3\dfrac{5}{12}+\dfrac{3}{4}$

⑪ $3\dfrac{5}{6}+\dfrac{2}{3}$

⑫ $\dfrac{9}{10}+1\dfrac{3}{5}$

4 そうまさんの家から図書館までは，$1\dfrac{5}{12}$km あります。図書館からその先の学校までは，$\dfrac{5}{6}$km あります。そうまさんの家から図書館を通って学校までは，何km ありますか。 〔12点〕

式

答え（　　　　　　　）

59 帯分数＋帯分数 $\left(\begin{array}{l}くり上がりなし,\\約分なし\end{array}\right)$

例

$$1\frac{1}{2}+2\frac{1}{3}=1\frac{3}{6}+2\frac{2}{6}$$
$$\qquad\qquad=3\frac{5}{6}$$

整数部分の和と
分数部分の和を
あわせるよ。

1 次の計算をしましょう。　　　　　　　　　　　　　　　　〔1問　11点〕

① $1\frac{1}{3}+1\frac{1}{4}$

② $3\frac{3}{5}+1\frac{4}{15}$

③ $1\frac{1}{4}+2\frac{1}{6}$

④ $2\frac{1}{2}+1\frac{2}{5}$

⑤ $2\frac{1}{5}+1\frac{2}{7}$

⑥ $1\frac{1}{6}+3\frac{4}{9}$

⑦ $2\frac{3}{4}+2\frac{2}{9}$

⑧ $1\frac{1}{3}+3\frac{1}{12}$

2 赤いテープが $1\frac{3}{4}$ m，白いテープが $2\frac{1}{5}$ mあります。テープは全部で何mあり
ますか。　　　　　　　　　　　　　　　　　　　　　　　〔12点〕

式

答え（　　　　　　　　　）

60 帯分数＋帯分数 （くり上がりなし, 約分あり）

例

$$2\frac{1}{5}+1\frac{2}{15}=2\frac{3}{15}+1\frac{2}{15}$$
$$=3\frac{5}{15}=3\frac{1}{3}$$

答えが約分できるときは
約分するよ。

1 次の計算をしましょう。　　　　　　　　　　　　　　〔1問　11点〕

① $1\frac{1}{4}+1\frac{1}{12}$

② $2\frac{1}{2}+2\frac{1}{6}$

③ $3\frac{5}{18}+1\frac{5}{9}$

④ $2\frac{5}{6}+1\frac{1}{10}$

⑤ $2\frac{2}{5}+1\frac{7}{20}$

⑥ $1\frac{1}{10}+2\frac{1}{2}$

⑦ $1\frac{3}{8}+3\frac{11}{24}$

⑧ $3\frac{1}{3}+2\frac{4}{15}$

2 牛にゅうを，あさひさんは$2\frac{1}{6}$dL，弟は$1\frac{3}{10}$dL飲みました。2人が飲んだ牛にゅうの量は全部で何dLですか。　　　　　　　　　　　〔12点〕

[式]

答え（　　　　　　　）

61 帯分数＋帯分数 （くり上がる，約分なし）

得点

点

例

$$1\frac{1}{3}+1\frac{3}{4}=1\frac{4}{12}+1\frac{9}{12}$$
$$=2\frac{13}{12}=3\frac{1}{12}$$

分数部分が仮分数になったときは，整数部分に1くり上げよう。

1 次の計算をしましょう。　〔1問　4点〕

① $1\frac{1}{2}+1\frac{2}{3}$

② $1\frac{1}{2}+1\frac{3}{5}$

③ $1\frac{1}{3}+1\frac{4}{5}$

④ $1\frac{1}{3}+1\frac{5}{6}$

⑤ $1\frac{1}{4}+1\frac{4}{5}$

⑥ $1\frac{1}{4}+1\frac{6}{7}$

2 次の計算をしましょう。　〔1問　4点〕

① $1\frac{1}{2}+2\frac{3}{4}$

② $2\frac{1}{3}+1\frac{7}{9}$

③ $1\frac{1}{4}+2\frac{5}{6}$

④ $2\frac{1}{5}+1\frac{7}{8}$

⑤ $1\frac{1}{6}+2\frac{8}{9}$

⑥ $2\frac{1}{8}+1\frac{11}{12}$

3 次の計算をしましょう。 〔1問 4点〕

① $1\dfrac{7}{10} + 1\dfrac{2}{5}$

② $2\dfrac{2}{3} + 1\dfrac{3}{4}$

③ $1\dfrac{1}{2} + 2\dfrac{7}{9}$

④ $1\dfrac{2}{5} + 1\dfrac{5}{6}$

⑤ $2\dfrac{3}{4} + 1\dfrac{5}{8}$

⑥ $1\dfrac{7}{8} + 2\dfrac{5}{12}$

⑦ $1\dfrac{7}{12} + 1\dfrac{5}{6}$

⑧ $1\dfrac{5}{7} + 3\dfrac{2}{5}$

⑨ $1\dfrac{3}{8} + 1\dfrac{2}{3}$

⑩ $2\dfrac{4}{9} + 1\dfrac{3}{4}$

⑪ $1\dfrac{7}{12} + 2\dfrac{5}{9}$

⑫ $2\dfrac{5}{6} + 2\dfrac{3}{8}$

4 米を $1\dfrac{2}{3}$ kg 使いましたが，まだ $2\dfrac{4}{9}$ kg 残っています。はじめに米は何kg ありましたか。 〔4点〕

式

答え （　　　　　　　　　）

62 帯分数＋帯分数 （くり上がる,約分あり）

例

$$1\frac{1}{2}+1\frac{5}{6}=1\frac{3}{6}+1\frac{5}{6}$$

$$=2\frac{\overset{4}{8}}{\underset{3}{6}}=2\frac{4}{3}=3\frac{1}{3}$$

答えが約分できるときは、
できるだけかんたんな
分数になおそう。

1 次の計算をしましょう。 〔1問 4点〕

① $1\frac{1}{2}+1\frac{7}{10}$

② $1\frac{1}{2}+1\frac{9}{14}$

③ $1\frac{1}{3}+1\frac{11}{12}$

④ $1\frac{1}{4}+1\frac{17}{20}$

2 次の計算をしましょう。 〔1問 4点〕

① $1\frac{2}{3}+2\frac{7}{12}$

② $2\frac{3}{4}+1\frac{5}{12}$

③ $1\frac{3}{5}+2\frac{13}{20}$

④ $2\frac{5}{6}+1\frac{5}{18}$

⑤ $1\frac{5}{8}+2\frac{11}{24}$

⑥ $2\frac{4}{9}+1\frac{13}{18}$

3 次の計算をしましょう。 〔1問 4点〕

① $1\dfrac{5}{6} + 2\dfrac{2}{3}$

② $1\dfrac{3}{4} + 1\dfrac{7}{12}$

③ $2\dfrac{4}{5} + 1\dfrac{7}{10}$

④ $1\dfrac{5}{12} + 2\dfrac{5}{6}$

⑤ $2\dfrac{2}{3} + 3\dfrac{11}{15}$

⑥ $1\dfrac{17}{18} + 1\dfrac{2}{9}$

⑦ $1\dfrac{7}{8} + 3\dfrac{5}{24}$

⑧ $2\dfrac{5}{6} + 1\dfrac{1}{2}$

⑨ $3\dfrac{7}{9} + 1\dfrac{13}{18}$

⑩ $2\dfrac{8}{15} + 2\dfrac{4}{5}$

⑪ $2\dfrac{5}{6} + 1\dfrac{4}{15}$

⑫ $1\dfrac{7}{24} + 1\dfrac{7}{8}$

4 草とりをしました。つむぎさんは $2\dfrac{1}{3}$ m²，お母さんは $2\dfrac{11}{12}$ m²分の草をとりました。あわせて何 m²分の草をとりましたか。 〔12点〕

[式]

答え（　　　　　　　）

63 まとめの練習

得点

点

1 次の計算をしましょう。 〔1問 4点〕

① $\dfrac{1}{3} + \dfrac{4}{9}$

② $\dfrac{3}{10} + \dfrac{3}{4}$

③ $\dfrac{3}{8} + \dfrac{5}{24}$

④ $\dfrac{3}{5} + \dfrac{5}{6}$

2 次の計算をしましょう。 〔1問 4点〕

① $1\dfrac{1}{7} + \dfrac{1}{2}$

② $\dfrac{3}{4} + 1\dfrac{4}{5}$

③ $2\dfrac{1}{5} + \dfrac{1}{20}$

④ $\dfrac{5}{6} + 2\dfrac{2}{3}$

3 次の計算をしましょう。 〔1問 4点〕

① $1\dfrac{2}{5} + 1\dfrac{1}{10}$

② $2\dfrac{1}{3} + 1\dfrac{3}{4}$

③ $1\dfrac{13}{18} + 2\dfrac{4}{9}$

④ $1\dfrac{3}{8} + 3\dfrac{1}{6}$

4 次の計算をしましょう。　　　　　　　　　　　　　　〔1問　4点〕

① $\dfrac{2}{15} + 1\dfrac{1}{5}$

② $1\dfrac{1}{12} + 1\dfrac{3}{4}$

③ $\dfrac{1}{6} + \dfrac{1}{12}$

④ $1\dfrac{1}{2} + \dfrac{2}{7}$

⑤ $1\dfrac{11}{20} + 2\dfrac{3}{4}$

⑥ $\dfrac{7}{5} + \dfrac{4}{15}$

⑦ $\dfrac{5}{12} + \dfrac{2}{3}$

⑧ $\dfrac{7}{18} + 1\dfrac{7}{9}$

⑨ $2\dfrac{3}{8} + 1\dfrac{3}{4}$

⑩ $1\dfrac{1}{6} + 1\dfrac{7}{10}$

⑪ $2\dfrac{9}{10} + \dfrac{3}{5}$

⑫ $1\dfrac{2}{3} + 2\dfrac{5}{8}$

5 へいにペンキをぬりました。たけるさんは全体の $\dfrac{1}{6}$，お父さんは全体の $\dfrac{1}{2}$ をぬりました。あわせて全体のどれだけをぬったことになりますか。　〔4点〕

式

答え（　　　　　　　　）

64 真分数ー真分数（約分なし）

例

$$\frac{1}{2} - \frac{1}{5} = \frac{5}{10} - \frac{2}{10}$$
$$= \frac{3}{10}$$

分母のちがう分数のひき算は
通分してから計算するよ。

1 次の計算をしましょう。　　　　　　　　　　　　〔1問　4点〕

① $\frac{1}{2} - \frac{1}{3}$

② $\frac{1}{2} - \frac{1}{4}$

③ $\frac{1}{3} - \frac{1}{4}$

④ $\frac{1}{3} - \frac{1}{5}$

⑤ $\frac{1}{4} - \frac{1}{5}$

⑥ $\frac{1}{4} - \frac{1}{6}$

2 次の計算をしましょう。　　　　　　　　　　　　〔1問　4点〕

① $\frac{1}{2} - \frac{2}{5}$

② $\frac{2}{3} - \frac{1}{2}$

③ $\frac{1}{3} - \frac{2}{9}$

④ $\frac{3}{4} - \frac{1}{3}$

⑤ $\frac{1}{4} - \frac{3}{16}$

⑥ $\frac{4}{5} - \frac{1}{4}$

3 次の計算をしましょう。 〔1問 4点〕

① $\dfrac{2}{3} - \dfrac{1}{12}$

② $\dfrac{5}{6} - \dfrac{2}{3}$

③ $\dfrac{4}{5} - \dfrac{3}{4}$

④ $\dfrac{1}{4} - \dfrac{1}{8}$

⑤ $\dfrac{2}{5} - \dfrac{1}{6}$

⑥ $\dfrac{5}{12} - \dfrac{3}{8}$

⑦ $\dfrac{5}{7} - \dfrac{1}{2}$

⑧ $\dfrac{3}{5} - \dfrac{2}{15}$

⑨ $\dfrac{3}{4} - \dfrac{3}{16}$

⑩ $\dfrac{7}{8} - \dfrac{3}{4}$

⑪ $\dfrac{5}{9} - \dfrac{1}{3}$

⑫ $\dfrac{5}{6} - \dfrac{3}{8}$

4 牛にゅうが $\dfrac{3}{4}$ L あります。$\dfrac{1}{5}$ L 飲むと，残りは何 L ですか。 〔4点〕

［式］

答え (　　　　　　)

65 真分数－真分数（約分あり）

得点

点

例

$$\frac{3}{5} - \frac{1}{10} = \frac{6}{10} - \frac{1}{10}$$

$$= \frac{\overset{1}{\cancel{5}}}{\underset{2}{\cancel{10}}} = \frac{1}{2}$$

答えがでたら，約分できるか確にんしよう。

1 次の計算をしましょう。　　　　　　　　　〔1問　4点〕

① $\frac{1}{2} - \frac{1}{6}$

② $\frac{1}{3} - \frac{1}{12}$

③ $\frac{1}{4} - \frac{1}{20}$

④ $\frac{1}{6} - \frac{1}{10}$

2 次の計算をしましょう。　　　　　　　　　〔1問　4点〕

① $\frac{1}{2} - \frac{3}{10}$

② $\frac{5}{6} - \frac{1}{2}$

③ $\frac{1}{3} - \frac{2}{15}$

④ $\frac{7}{12} - \frac{1}{3}$

⑤ $\frac{1}{4} - \frac{3}{20}$

⑥ $\frac{7}{10} - \frac{1}{5}$

3 次の計算をしましょう。 〔1問 4点〕

① $\dfrac{2}{3} - \dfrac{1}{6}$

② $\dfrac{11}{12} - \dfrac{3}{4}$

③ $\dfrac{9}{14} - \dfrac{1}{2}$

④ $\dfrac{1}{2} - \dfrac{1}{10}$

⑤ $\dfrac{4}{9} - \dfrac{5}{18}$

⑥ $\dfrac{5}{6} - \dfrac{1}{3}$

⑦ $\dfrac{9}{20} - \dfrac{1}{5}$

⑧ $\dfrac{5}{8} - \dfrac{7}{24}$

⑨ $\dfrac{2}{3} - \dfrac{4}{15}$

⑩ $\dfrac{5}{12} - \dfrac{1}{6}$

⑪ $\dfrac{11}{12} - \dfrac{2}{3}$

⑫ $\dfrac{4}{5} - \dfrac{2}{15}$

4 食用油が $\dfrac{9}{10}$ L ありました。料理で $\dfrac{1}{2}$ L 使いました。食用油は何L残っていますか。 〔12点〕

〔式〕

答え（　　　　　　　）

66 仮分数のひき算（約分なし）

例

$$\frac{7}{5} - \frac{2}{3} = \frac{21}{15} - \frac{10}{15}$$
$$= \frac{11}{15}$$

真分数どうしのひき算と同じように，通分してから計算するよ。

1 次の計算をしましょう。　　　　　　　　　　〔1問　11点〕

① $\frac{4}{3} - \frac{5}{9}$

② $\frac{5}{4} - \frac{4}{7}$

③ $\frac{7}{6} - \frac{1}{4}$

④ $\frac{9}{8} - \frac{11}{16}$

2 次の計算をしましょう。　　　　　　　　　　〔1問　11点〕

① $\frac{5}{3} - \frac{3}{2}$

② $\frac{7}{4} - \frac{11}{8}$

③ $\frac{13}{9} - \frac{7}{6}$

④ $\frac{8}{5} - \frac{9}{7}$

3 白いテープが $\frac{9}{8}$ m，青いテープが $\frac{5}{6}$ m あります。白いテープと青いテープの長さのちがいは何mですか。　　　　　　　　　　〔12点〕

式

答え（　　　　　　　　　）

67 仮分数のひき算 (約分あり)

例

$$\frac{5}{3} - \frac{7}{6} = \frac{10}{6} - \frac{7}{6}$$

$$= \frac{\overset{1}{\cancel{3}}}{\underset{2}{\cancel{6}}} = \frac{1}{2}$$

最後に約分ができないかを
しっかりチェックしよう。

1 次の計算をしましょう。　　　　　　　　　　　　〔1問　11点〕

① $\dfrac{3}{2} - \dfrac{9}{10}$　　　　　　② $\dfrac{7}{6} - \dfrac{7}{24}$

③ $\dfrac{11}{6} - \dfrac{14}{15}$　　　　　　④ $\dfrac{19}{12} - \dfrac{3}{4}$

2 次の計算をしましょう。　　　　　　　　　　　　〔1問　11点〕

① $\dfrac{3}{2} - \dfrac{7}{6}$　　　　　　② $\dfrac{7}{4} - \dfrac{23}{20}$

③ $\dfrac{12}{7} - \dfrac{17}{14}$　　　　　　④ $\dfrac{5}{4} - \dfrac{13}{12}$

3 さとうが $\dfrac{11}{6}$ kg あります。塩は $\dfrac{4}{3}$ kg あります。さとうと塩の重さのちがいは

何 kg ですか。　　　　　　　　　　　　　　　　〔12点〕

[式]

答え (　　　　　　　　　)

68 帯分数ー真分数（くり下がりなし、約分なし）

例

$$1\frac{3}{4} - \frac{2}{3} = 1\frac{9}{12} - \frac{8}{12}$$
$$= 1\frac{1}{12}$$

整数部分に分数部分の差をあわせるよ。

1 次の計算をしましょう。　　　　　　〔1問　4点〕

① $1\frac{1}{2} - \frac{1}{4}$

② $1\frac{1}{2} - \frac{1}{5}$

③ $1\frac{1}{3} - \frac{1}{6}$

④ $1\frac{1}{4} - \frac{1}{8}$

⑤ $1\frac{1}{5} - \frac{1}{6}$

⑥ $1\frac{1}{6} - \frac{1}{12}$

2 次の計算をしましょう。　　　　　　〔1問　4点〕

① $1\frac{1}{2} - \frac{3}{8}$

② $1\frac{3}{4} - \frac{1}{3}$

③ $1\frac{1}{4} - \frac{3}{16}$

④ $1\frac{5}{6} - \frac{1}{4}$

⑤ $2\frac{1}{6} - \frac{2}{15}$

⑥ $2\frac{9}{10} - \frac{1}{5}$

3 次の計算をしましょう。 〔1問 4点〕

① $1\dfrac{3}{4} - \dfrac{3}{8}$

② $1\dfrac{4}{5} - \dfrac{2}{3}$

③ $2\dfrac{3}{10} - \dfrac{1}{5}$

④ $1\dfrac{1}{2} - \dfrac{1}{7}$

⑤ $1\dfrac{4}{9} - \dfrac{7}{18}$

⑥ $2\dfrac{13}{16} - \dfrac{3}{4}$

⑦ $2\dfrac{2}{3} - \dfrac{1}{2}$

⑧ $1\dfrac{2}{3} - \dfrac{1}{5}$

⑨ $3\dfrac{5}{8} - \dfrac{3}{16}$

⑩ $2\dfrac{8}{9} - \dfrac{5}{6}$

⑪ $1\dfrac{2}{5} - \dfrac{1}{3}$

⑫ $2\dfrac{5}{6} - \dfrac{3}{8}$

4 $1\dfrac{4}{5}$ mのリボンのうち，$\dfrac{3}{4}$ m使いました。リボンは何m残っていますか。

〔4点〕

式

答え（　　　　　　　）

69 帯分数－真分数（くり下がりなし，約分あり）

得点

点

例

$$1\frac{5}{6} - \frac{1}{10} = 1\frac{25}{30} - \frac{3}{30}$$

$$= 1\frac{\overset{11}{\cancel{22}}}{\underset{15}{\cancel{30}}} = 1\frac{11}{15}$$

答えが約分できるときは、できるだけかんたんな分数にしよう。

1 次の計算をしましょう。　〔1問　4点〕

① $1\frac{1}{2} - \frac{1}{10}$

② $1\frac{1}{4} - \frac{1}{12}$

③ $1\frac{1}{6} - \frac{1}{18}$

④ $1\frac{1}{8} - \frac{1}{24}$

2 次の計算をしましょう。　〔1問　4点〕

① $1\frac{1}{3} - \frac{2}{15}$

② $1\frac{9}{10} - \frac{1}{2}$

③ $1\frac{1}{3} - \frac{5}{24}$

④ $1\frac{5}{6} - \frac{1}{3}$

⑤ $1\frac{1}{4} - \frac{3}{20}$

⑥ $2\frac{5}{12} - \frac{1}{6}$

3 次の計算をしましょう。 〔1問 4点〕

① $1\dfrac{3}{8} - \dfrac{1}{24}$

② $2\dfrac{9}{14} - \dfrac{1}{2}$

③ $1\dfrac{11}{12} - \dfrac{3}{4}$

④ $1\dfrac{2}{9} - \dfrac{1}{18}$

⑤ $3\dfrac{1}{6} - \dfrac{1}{15}$

⑥ $2\dfrac{7}{12} - \dfrac{1}{3}$

⑦ $1\dfrac{9}{10} - \dfrac{2}{5}$

⑧ $1\dfrac{3}{4} - \dfrac{5}{12}$

⑨ $2\dfrac{2}{3} - \dfrac{1}{6}$

⑩ $3\dfrac{11}{18} - \dfrac{1}{6}$

⑪ $1\dfrac{5}{6} - \dfrac{7}{10}$

⑫ $1\dfrac{7}{9} - \dfrac{5}{18}$

4 さとうが$2\dfrac{8}{15}$kg あります。料理で$\dfrac{1}{3}$kg 使うと，何kg 残りますか。 〔12点〕

[式]

[答え] （　　　　　　　　　　）

70 帯分数－真分数 $\left(\begin{array}{l}くり下がる, \\ 約分なし\end{array}\right)$

例

$$2\frac{1}{4} - \frac{1}{2} = 2\frac{1}{4} - \frac{2}{4}$$
$$= 1\frac{5}{4} - \frac{2}{4}$$
$$= 1\frac{3}{4}$$

$2\frac{1}{4}$ は $1\frac{5}{4}$ と
同じ大きさだよ。

1 次の計算をしましょう。　　　　　　　　　　　〔1問　5点〕

① $2\dfrac{1}{3} - \dfrac{1}{2}$

② $2\dfrac{1}{4} - \dfrac{1}{3}$

③ $3\dfrac{1}{6} - \dfrac{3}{8}$

④ $3\dfrac{2}{15} - \dfrac{1}{5}$

2 次の計算をしましょう。　　　　　　　　　　　〔1問　5点〕

① $1\dfrac{1}{5} - \dfrac{1}{2}$

② $1\dfrac{1}{8} - \dfrac{1}{3}$

③ $1\dfrac{1}{4} - \dfrac{5}{6}$

④ $1\dfrac{2}{5} - \dfrac{1}{2}$

3 次の計算をしましょう。 〔1問　5点〕

① $2\dfrac{1}{2} - \dfrac{3}{4}$

② $2\dfrac{1}{12} - \dfrac{1}{6}$

③ $3\dfrac{1}{8} - \dfrac{1}{4}$

④ $1\dfrac{1}{2} - \dfrac{2}{3}$

⑤ $2\dfrac{1}{6} - \dfrac{7}{8}$

⑥ $3\dfrac{2}{9} - \dfrac{5}{18}$

⑦ $1\dfrac{3}{8} - \dfrac{7}{16}$

⑧ $2\dfrac{1}{5} - \dfrac{9}{10}$

⑨ $1\dfrac{3}{4} - \dfrac{7}{9}$

⑩ $2\dfrac{1}{6} - \dfrac{3}{4}$

4 $\dfrac{1}{5}$kg の箱に，みかんを入れて重さをはかったら，$3\dfrac{1}{10}$kg ありました。みかんだけの重さは何kg になりますか。 〔10点〕

式

答え（　　　　　　　　　）

71 帯分数－真分数（くり下がる，約分あり）

例

$$2\frac{1}{2} - \frac{7}{10} = 2\frac{5}{10} - \frac{7}{10}$$

$$= 1\frac{15}{10} - \frac{7}{10}$$

$$= 1\frac{\overset{4}{\cancel{8}}}{\underset{5}{\cancel{10}}} = 1\frac{4}{5}$$

$2\frac{5}{10}$ は $1\frac{15}{10}$ と同じ大きさだよ。

1 次の計算をしましょう。　　　　　　　　　　　　　　〔1問　5点〕

① $2\frac{1}{6} - \frac{1}{2}$

② $2\frac{1}{12} - \frac{1}{3}$

③ $3\frac{1}{6} - \frac{5}{18}$

④ $3\frac{1}{12} - \frac{3}{4}$

2 次の計算をしましょう。　　　　　　　　　　　　　　〔1問　5点〕

① $1\frac{1}{12} - \frac{1}{4}$

② $1\frac{1}{18} - \frac{1}{6}$

③ $1\frac{1}{5} - \frac{8}{15}$

④ $1\frac{1}{6} - \frac{2}{3}$

3 次の計算をしましょう。 〔1問 5点〕

① $2\dfrac{1}{2} - \dfrac{5}{6}$

② $1\dfrac{2}{15} - \dfrac{1}{3}$

③ $1\dfrac{1}{12} - \dfrac{3}{4}$

④ $3\dfrac{2}{9} - \dfrac{7}{18}$

⑤ $2\dfrac{1}{3} - \dfrac{5}{6}$

⑥ $2\dfrac{11}{18} - \dfrac{5}{6}$

⑦ $2\dfrac{5}{12} - \dfrac{2}{3}$

⑧ $1\dfrac{1}{2} - \dfrac{9}{10}$

⑨ $3\dfrac{3}{8} - \dfrac{13}{24}$

⑩ $2\dfrac{2}{5} - \dfrac{9}{10}$

4 $1\dfrac{5}{18}$ L のジュースがあります。$\dfrac{4}{9}$ L 飲むと，ジュースは何L残りますか。

〔10点〕

式

答え（　　　　　　　）

72 帯分数－帯分数 (くり下がりなし, 約分なし)

例

$2\dfrac{1}{2} - 1\dfrac{1}{3} = 2\dfrac{3}{6} - 1\dfrac{2}{6}$

$= 1\dfrac{1}{6}$

整数部分の差と分数部分の差をあわせるよ。

1 次の計算をしましょう。　　　　　　　　　　　　　　〔1問　11点〕

① $2\dfrac{1}{2} - 1\dfrac{1}{4}$

② $3\dfrac{2}{3} - 2\dfrac{4}{9}$

③ $2\dfrac{1}{6} - 2\dfrac{2}{15}$

④ $3\dfrac{1}{4} - 1\dfrac{3}{16}$

⑤ $1\dfrac{7}{9} - 1\dfrac{1}{6}$

⑥ $2\dfrac{7}{10} - 2\dfrac{2}{5}$

⑦ $2\dfrac{5}{8} - 1\dfrac{1}{3}$

⑧ $3\dfrac{5}{12} - 3\dfrac{1}{3}$

2 えいたさんの家から北へ$1\dfrac{7}{10}$km行ったところに駅があり，えいたさんの家から南へ$1\dfrac{2}{5}$km行ったところに学校があります。えいたさんの家から駅は，えいたさんの家から学校よりもどれだけ遠くにありますか。

〔12点〕

〔式〕

答え（　　　　　　　　）

73 帯分数－帯分数 (くり下がりなし,約分あり)

例

$2\frac{2}{3} - 1\frac{1}{6} = 2\frac{4}{6} - 1\frac{1}{6}$

$= 1\frac{\overset{1}{\cancel{3}}}{\underset{2}{\cancel{6}}} = 1\frac{1}{2}$

答えが約分できるときは，できるだけかんたんな分数になおそう。

1 次の計算をしましょう。　　　　　　　　　　〔1問　11点〕

① $3\frac{1}{3} - 1\frac{2}{15}$

② $2\frac{5}{6} - 1\frac{1}{10}$

③ $3\frac{5}{6} - 2\frac{1}{2}$

④ $4\frac{9}{10} - 2\frac{2}{5}$

⑤ $3\frac{3}{20} - 3\frac{1}{12}$

⑥ $2\frac{7}{12} - 2\frac{1}{3}$

⑦ $1\frac{1}{2} - 1\frac{3}{10}$

⑧ $2\frac{2}{5} - 2\frac{1}{15}$

2 牛にゅうをさやかさんは$2\frac{2}{9}$dL，妹は$2\frac{1}{18}$dL飲みました。さやかさんは妹よりも何dL多く飲みましたか。　　　　　　　　　〔12点〕

[式]

答え（　　　　　　　）

74 帯分数－帯分数 （くり下がる, 約分なし）

例

$$3\frac{1}{4} - 1\frac{2}{3} = 3\frac{3}{12} - 1\frac{8}{12}$$
$$= 2\frac{15}{12} - 1\frac{8}{12}$$
$$= 1\frac{7}{12}$$

$3\frac{3}{12}$ は $2\frac{15}{12}$ と同じ大きさだよ。

1 次の計算をしましょう。　〔1問　5点〕

① $3\frac{1}{4} - 1\frac{1}{2}$

② $3\frac{1}{6} - 1\frac{1}{3}$

③ $4\frac{1}{2} - 1\frac{4}{7}$

④ $4\frac{2}{15} - 1\frac{1}{5}$

2 次の計算をしましょう。　〔1問　5点〕

① $2\frac{1}{8} - 1\frac{1}{2}$

② $2\frac{1}{5} - 1\frac{1}{4}$

③ $3\frac{1}{6} - 2\frac{7}{9}$

④ $3\frac{4}{15} - 2\frac{1}{3}$

3 次の計算をしましょう。　　　　　　　　　　　　　　〔1問　5点〕

① $3\dfrac{7}{9} - 1\dfrac{5}{6}$

② $3\dfrac{1}{2} - 1\dfrac{3}{4}$

③ $3\dfrac{2}{3} - 2\dfrac{4}{5}$

④ $4\dfrac{1}{9} - 1\dfrac{1}{3}$

⑤ $3\dfrac{7}{18} - 1\dfrac{2}{3}$

⑥ $2\dfrac{2}{5} - 1\dfrac{9}{20}$

⑦ $4\dfrac{1}{2} - 1\dfrac{7}{12}$

⑧ $3\dfrac{5}{8} - 2\dfrac{5}{6}$

⑨ $4\dfrac{1}{18} - 2\dfrac{4}{9}$

⑩ $3\dfrac{3}{4} - 1\dfrac{4}{5}$

4 さくらさんはハイキングで$4\dfrac{1}{3}$km歩く予定です。これまで$1\dfrac{5}{8}$km歩きました。あと何km歩くことになりますか。　　　　　　　　　　〔10点〕

式

答え（　　　　　　　　）

75 帯分数－帯分数 $\left(\begin{array}{c}\text{くり下がる,}\\\text{約分あり}\end{array}\right)$

例

$$4\frac{1}{12} - 1\frac{5}{6} = 4\frac{1}{12} - 1\frac{10}{12}$$

$$= 3\frac{13}{12} - 1\frac{10}{12}$$

$$= 2\frac{\overset{1}{3}}{\underset{4}{12}} = 2\frac{1}{4}$$

$4\frac{1}{12}$ は $3\frac{13}{12}$ と
同じ大きさだよ。

1 次の計算をしましょう。 〔1問 5点〕

① $3\frac{1}{12} - 1\frac{1}{4}$

② $3\frac{1}{18} - 1\frac{1}{6}$

③ $4\frac{1}{5} - 1\frac{7}{10}$

④ $4\frac{1}{24} - 1\frac{3}{8}$

2 次の計算をしましょう。 〔1問 5点〕

① $2\frac{1}{6} - 1\frac{1}{2}$

② $2\frac{1}{12} - 1\frac{1}{3}$

③ $3\frac{1}{4} - 2\frac{9}{20}$

④ $3\frac{1}{12} - 2\frac{5}{6}$

3 次の計算をしましょう。 〔1問 5点〕

① $3\dfrac{11}{18} - 1\dfrac{5}{6}$

② $4\dfrac{1}{2} - 1\dfrac{9}{10}$

③ $3\dfrac{2}{3} - 2\dfrac{11}{12}$

④ $4\dfrac{7}{15} - 2\dfrac{2}{3}$

⑤ $4\dfrac{3}{10} - 3\dfrac{1}{2}$

⑥ $4\dfrac{5}{6} - 1\dfrac{9}{10}$

⑦ $3\dfrac{1}{3} - 1\dfrac{5}{6}$

⑧ $2\dfrac{5}{18} - 1\dfrac{7}{9}$

⑨ $4\dfrac{7}{12} - 1\dfrac{3}{4}$

⑩ $4\dfrac{3}{5} - 2\dfrac{14}{15}$

4 米が $3\dfrac{1}{6}$kg あります。きょう $1\dfrac{2}{3}$kg 使いました。米は何kg 残っていますか。

〔10点〕

式

答え (　　　　　　　)

76 まとめの練習

得点

点

1 次の計算をしましょう。 〔1問 4点〕

① $\dfrac{8}{9} - \dfrac{1}{2}$

② $\dfrac{7}{12} - \dfrac{1}{3}$

③ $\dfrac{5}{6} - \dfrac{2}{5}$

④ $\dfrac{3}{4} - \dfrac{7}{20}$

2 次の計算をしましょう。 〔1問 4点〕

① $2\dfrac{2}{5} - \dfrac{11}{15}$

② $3\dfrac{11}{18} - \dfrac{5}{6}$

③ $1\dfrac{1}{8} - \dfrac{1}{3}$

④ $2\dfrac{1}{2} - \dfrac{7}{12}$

3 次の計算をしましょう。 〔1問 4点〕

① $3\dfrac{1}{2} - 1\dfrac{3}{8}$

② $2\dfrac{1}{3} - 1\dfrac{8}{15}$

③ $4\dfrac{5}{12} - 2\dfrac{3}{4}$

④ $3\dfrac{3}{8} - 2\dfrac{5}{6}$

4 次の計算をしましょう。 〔1問 5点〕

① $1\dfrac{1}{18} - \dfrac{1}{9}$

② $\dfrac{6}{7} - \dfrac{1}{2}$

③ $\dfrac{4}{3} - \dfrac{3}{8}$

④ $2\dfrac{2}{5} - \dfrac{5}{6}$

⑤ $4\dfrac{3}{4} - 2\dfrac{2}{7}$

⑥ $3\dfrac{1}{24} - 1\dfrac{1}{8}$

⑦ $\dfrac{3}{4} - \dfrac{7}{16}$

⑧ $4\dfrac{2}{15} - 1\dfrac{1}{3}$

⑨ $1\dfrac{5}{24} - \dfrac{5}{6}$

⑩ $2\dfrac{3}{8} - 1\dfrac{5}{24}$

5 ひかりさんの家から学校を通って，駅まで$2\dfrac{1}{3}$kmあります。ひかりさんの家から学校までは$\dfrac{7}{8}$kmです。学校から駅までは何kmありますか。 〔2点〕

[式]

答え（　　　　　　）

77 分数のたし算とひき算のまとめ

1 次の計算をしましょう。　　　　　　　　　　　　　〔1問　4点〕

① $\dfrac{3}{4} + \dfrac{1}{3}$

② $\dfrac{2}{5} + \dfrac{1}{6}$

③ $1\dfrac{1}{4} + \dfrac{1}{12}$

④ $\dfrac{5}{24} + 2\dfrac{3}{8}$

⑤ $1\dfrac{5}{6} + 1\dfrac{1}{2}$

⑥ $1\dfrac{3}{5} + 2\dfrac{1}{4}$

2 次の計算をしましょう。　　　　　　　　　　　　　〔1問　4点〕

① $\dfrac{3}{7} - \dfrac{1}{4}$

② $\dfrac{1}{2} - \dfrac{4}{9}$

③ $1\dfrac{2}{3} - \dfrac{3}{4}$

④ $2\dfrac{8}{15} - \dfrac{1}{5}$

⑤ $2\dfrac{7}{12} - 1\dfrac{5}{6}$

⑥ $3\dfrac{7}{8} - 1\dfrac{2}{3}$

3 次の計算をしましょう。 〔1問 5点〕

① $1\dfrac{1}{2}+1\dfrac{2}{5}$

② $2\dfrac{5}{12}-1\dfrac{2}{3}$

③ $\dfrac{7}{9}+\dfrac{7}{18}$

④ $\dfrac{7}{5}-\dfrac{3}{4}$

⑤ $\dfrac{8}{7}+\dfrac{2}{3}$

⑥ $\dfrac{2}{9}-\dfrac{1}{18}$

⑦ $2\dfrac{5}{8}+1\dfrac{1}{24}$

⑧ $2\dfrac{3}{10}-\dfrac{1}{2}$

⑨ $\dfrac{2}{3}+2\dfrac{7}{12}$

⑩ $3\dfrac{4}{5}-1\dfrac{3}{10}$

4 みつきさんはリボンを $\dfrac{5}{6}$m 使いましたが，まだ $1\dfrac{1}{4}$m 残っています。はじめにリボンは何mありましたか。 〔2点〕

式

答え（　　　　　）

78

●＋▲＋■

例

$$\frac{1}{2}+\frac{1}{4}+\frac{1}{6}=\frac{6}{12}+\frac{3}{12}+\frac{2}{12}$$
$$=\frac{11}{12}$$

3つの分数を通分して計算するよ。

1 次の計算をしましょう。 〔1問 11点〕

① $\frac{1}{2}+\frac{1}{8}+\frac{1}{4}$

② $\frac{1}{3}+\frac{1}{4}+\frac{1}{6}$

③ $\frac{2}{3}+\frac{2}{9}+\frac{1}{6}$

④ $\frac{3}{4}+\frac{1}{2}+\frac{2}{5}$

2 次の計算をしましょう。 〔1問 11点〕

① $\frac{1}{2}+\frac{1}{3}+1\frac{1}{4}$

② $1\frac{1}{12}+\frac{1}{8}+\frac{1}{3}$

③ $\frac{1}{4}+1\frac{2}{3}+\frac{7}{12}$

④ $\frac{3}{7}+\frac{5}{14}+1\frac{1}{4}$

3 牛にゅうをゆかさんは$1\frac{5}{6}$dL，弟は$1\frac{2}{3}$dL，妹は$1\frac{1}{2}$dL飲みました。3人で飲んだ牛にゅうは，あわせて何dLですか。 〔12点〕

[式]

[答え]（　　　　　　　　）

◆3つの分数の計算

● ― ▲ ― ■

例

$$\frac{7}{8} - \frac{1}{2} - \frac{1}{4} = \frac{7}{8} - \frac{4}{8} - \frac{2}{8}$$
$$= \frac{1}{8}$$

3つの分数を通分して
計算するよ。

1 次の計算をしましょう。　　　　　　　　　　　　　　〔1問　11点〕

① $\dfrac{7}{9} - \dfrac{1}{3} - \dfrac{1}{6}$

② $\dfrac{1}{3} - \dfrac{1}{8} - \dfrac{1}{6}$

③ $\dfrac{1}{2} - \dfrac{1}{6} - \dfrac{1}{12}$

④ $\dfrac{3}{4} - \dfrac{1}{5} - \dfrac{3}{10}$

2 次の計算をしましょう。　　　　　　　　　　　　　　〔1問　11点〕

① $2\dfrac{1}{4} - \dfrac{1}{2} - \dfrac{1}{6}$

② $2\dfrac{1}{3} - \dfrac{1}{2} - \dfrac{1}{9}$

③ $2\dfrac{7}{12} - 1\dfrac{1}{3} - \dfrac{1}{4}$

④ $3\dfrac{1}{15} - \dfrac{2}{3} - \dfrac{9}{10}$

3 目的地まで$4\dfrac{2}{5}$kmのハイキングをします。たくみさんは，最初の休けい場所までの$1\dfrac{3}{4}$kmを歩き，またそこから$1\dfrac{1}{2}$km歩きました。たくみさんは，あと何km歩けば，目的地に着きますか。1つの式に表してから求めましょう。〔12点〕

式

答え（　　　　　　　）

80 ●＋▲－■

得点

点

例

$$\frac{1}{2} + \frac{1}{3} - \frac{1}{4} = \frac{6}{12} + \frac{4}{12} - \frac{3}{12}$$
$$= \frac{7}{12}$$

3つの分数を通分して
計算するよ。

1 次の計算をしましょう。　　　　　　　　　　〔1問　10点〕

① $\frac{1}{3} + \frac{1}{4} - \frac{1}{2}$

② $\frac{1}{2} + \frac{1}{8} - \frac{1}{16}$

③ $\frac{1}{3} + \frac{3}{4} - \frac{5}{6}$

④ $\frac{5}{8} + \frac{1}{3} - \frac{1}{4}$

2 次の計算をしましょう。　　　　　　　　　　〔1問　10点〕

① $1\frac{1}{3} + \frac{1}{2} - \frac{1}{4}$

② $\frac{1}{9} + 1\frac{1}{6} - \frac{1}{3}$

③ $1\frac{2}{3} + \frac{1}{5} - \frac{5}{6}$

④ $2\frac{1}{2} + \frac{2}{3} - \frac{3}{5}$

⑤ $2\frac{4}{9} + \frac{3}{4} - 1\frac{5}{6}$

⑥ $2\frac{7}{15} + \frac{1}{3} - 1\frac{4}{5}$

◆3つの分数の計算

● ー ▲ ＋ ■

例

$$\frac{5}{6} - \frac{1}{2} + \frac{3}{8} = \frac{20}{24} - \frac{12}{24} + \frac{9}{24}$$
$$= \frac{17}{24}$$

3つの分数を通分して
計算するよ。

1 次の計算をしましょう。　　　　　　　　　　　〔1問　10点〕

① $\frac{1}{2} - \frac{1}{3} + \frac{1}{4}$

② $\frac{1}{3} - \frac{1}{5} + \frac{1}{15}$

③ $\frac{3}{4} - \frac{1}{6} + \frac{1}{12}$

④ $\frac{5}{8} - \frac{1}{3} + \frac{3}{4}$

2 次の計算をしましょう。　　　　　　　　　　　〔1問　10点〕

① $1\frac{1}{3} - \frac{1}{4} + \frac{1}{6}$

② $1\frac{1}{2} - \frac{1}{9} + \frac{1}{3}$

③ $\frac{4}{5} - \frac{1}{4} + 1\frac{3}{10}$

④ $2\frac{1}{2} - \frac{3}{4} + \frac{5}{8}$

⑤ $2\frac{3}{8} - 1\frac{5}{6} + \frac{1}{3}$

⑥ $2\frac{1}{3} - 1\frac{3}{4} + \frac{5}{6}$

82 ●−(▲＋■)， ●−(▲−■)

得点

点

例

$$\frac{5}{6}-\left(\frac{1}{3}+\frac{4}{9}\right)=\frac{5}{6}-\left(\frac{3}{9}+\frac{4}{9}\right)$$

$$=\frac{5}{6}-\frac{7}{9}$$

$$=\frac{15}{18}-\frac{14}{18}=\frac{1}{18}$$

かっこの中を先に計算するよ。

---

1 次の計算をしましょう。 〔1問 5点〕

① $\dfrac{8}{9}-\left(\dfrac{1}{2}+\dfrac{1}{3}\right)$

② $\dfrac{7}{8}-\left(\dfrac{1}{3}+\dfrac{1}{4}\right)$

③ $1\dfrac{1}{2}-\left(\dfrac{2}{3}+\dfrac{1}{6}\right)$

④ $2\dfrac{1}{9}-\left(\dfrac{1}{2}+\dfrac{2}{3}\right)$

2 次の計算をしましょう。 〔1問 5点〕

① $\dfrac{5}{8}-\left(\dfrac{1}{4}-\dfrac{1}{6}\right)$

② $\dfrac{5}{6}-\left(\dfrac{1}{2}-\dfrac{1}{8}\right)$

③ $1\dfrac{4}{15}-\left(\dfrac{2}{5}-\dfrac{1}{3}\right)$

④ $2\dfrac{1}{3}-\left(1\dfrac{1}{12}-\dfrac{3}{4}\right)$

3 次の計算をしましょう。 〔1問 5点〕

① $1\dfrac{5}{6} - \left(\dfrac{3}{4} + \dfrac{1}{2}\right)$

② $\dfrac{7}{12} - \left(\dfrac{5}{6} - \dfrac{3}{8}\right)$

③ $\dfrac{8}{9} - \left(\dfrac{1}{12} + \dfrac{1}{6}\right)$

④ $2\dfrac{1}{3} - \left(\dfrac{7}{9} - \dfrac{1}{6}\right)$

⑤ $2\dfrac{1}{2} - \left(\dfrac{2}{3} + \dfrac{1}{6}\right)$

⑥ $\dfrac{1}{4} - \left(\dfrac{1}{2} - \dfrac{1}{3}\right)$

⑦ $2\dfrac{3}{4} - \left(\dfrac{5}{6} + \dfrac{1}{8}\right)$

⑧ $1\dfrac{3}{10} - \left(\dfrac{4}{5} - \dfrac{1}{4}\right)$

⑨ $1\dfrac{3}{5} - \left(\dfrac{3}{8} + \dfrac{1}{4}\right)$

⑩ $\dfrac{9}{10} - \left(1\dfrac{1}{5} - \dfrac{2}{3}\right)$

⑪ $3\dfrac{1}{9} - \left(\dfrac{1}{2} + 1\dfrac{2}{3}\right)$

⑫ $1\dfrac{3}{4} - \left(2\dfrac{1}{3} - \dfrac{5}{6}\right)$

83 まとめの練習

1 次の計算をしましょう。　　　　　　　　　　　　　　〔1問　5点〕

① $\dfrac{1}{4} + \dfrac{1}{3} + \dfrac{1}{8}$

② $1\dfrac{2}{7} + \dfrac{5}{14} + 1\dfrac{1}{4}$

2 次の計算をしましょう。　　　　　　　　　　　　　　〔1問　5点〕

① $\dfrac{5}{6} - \dfrac{1}{2} - \dfrac{1}{4}$

② $3\dfrac{1}{15} - \dfrac{1}{6} - 1\dfrac{2}{5}$

3 次の計算をしましょう。　　　　　　　　　　　　　　〔1問　5点〕

① $\dfrac{1}{3} + \dfrac{3}{4} - \dfrac{5}{12}$

② $1\dfrac{1}{2} + \dfrac{2}{3} - 1\dfrac{2}{5}$

4 次の計算をしましょう。　　　　　　　　　　　　　　〔1問　5点〕

① $1\dfrac{3}{8} - \dfrac{5}{6} + \dfrac{2}{3}$

② $\dfrac{2}{3} - \dfrac{1}{4} + \dfrac{5}{12}$

5 次の計算をしましょう。　　　　　　　　　　　　　　〔1問　5点〕

① $1\dfrac{5}{8} - \left(\dfrac{1}{4} + \dfrac{1}{6} \right)$

② $\dfrac{7}{9} - \left(\dfrac{1}{3} - \dfrac{1}{6} \right)$

6 次の計算をしましょう。 〔1問 5点〕

① $2\dfrac{1}{3} + \dfrac{2}{5} - \dfrac{5}{6}$

② $2\dfrac{1}{9} - \dfrac{1}{2} + \dfrac{2}{3}$

③ $\dfrac{5}{21} + \dfrac{4}{7} + \dfrac{1}{3}$

④ $1\dfrac{7}{10} - \left(\dfrac{2}{5} + \dfrac{1}{4}\right)$

⑤ $2\dfrac{1}{5} - \dfrac{7}{15} - \dfrac{2}{3}$

⑥ $1\dfrac{1}{8} + \dfrac{1}{2} + 1\dfrac{2}{3}$

⑦ $\dfrac{4}{5} - \left(\dfrac{3}{8} - \dfrac{1}{4}\right)$

⑧ $\dfrac{7}{9} + \dfrac{5}{6} - \dfrac{2}{3}$

7 食用油が，かんに $1\dfrac{5}{6}$L，大きいびんに $1\dfrac{1}{3}$L，小さいびんに $\dfrac{3}{8}$L あります。食用油は全部で何Lありますか。1つの式に表してから求めましょう。 〔10点〕

式

答え（　　　　　　　）

84 わり算と分数

例

2÷3の商を分数で表す。

$2 \div 3 = \dfrac{2}{3}$

わる数を分母に，わられる数を分子にするよ。

$\square \div \bigcirc = \dfrac{\square}{\bigcirc}$

1 次の商を分数で表しましょう。 〔1問 8点〕

① 1÷5

② 3÷7

③ 4÷8

④ 8÷15

⑤ 12÷16

⑥ 18÷24

2 次の商を分数で表しましょう。 〔1問 8点〕

① 7÷4

② 10÷3

③ 8÷6

④ 12÷5

⑤ 24÷9

⑥ 36÷16

3 テープが15mあります。これを6等分すると，1つ分は何mになりますか。分数で表しましょう。 〔4点〕

式

答え（　　　　　　）

85 基本の練習(分数と小数)

得点

点

1 次の分数を例にならって, 小数になおしましょう。 〔1問 6点〕

(例) $\dfrac{1}{5} = 1 \div 5 = 0.2$

① $\dfrac{2}{5}$

② $\dfrac{3}{4}$

③ $\dfrac{3}{8}$

④ $1\dfrac{3}{5}$

⑤ $1\dfrac{1}{4}$

⑥ $2\dfrac{6}{25}$

2 次の小数を例にならって, 分数になおしましょう。 〔1問 8点〕

(例) $0.2 = \dfrac{2}{10} = \dfrac{1}{5}$

① 0.6

② 0.7

③ 1.8

④ 2.5

⑤ 0.12

⑥ 0.25

⑦ 1.46

⑧ 2.05

86 分数と小数のたし算

例

$$\frac{2}{5} + 0.5 = \frac{2}{5} + \frac{5}{10} = \frac{4}{10} + \frac{5}{10} = \frac{9}{10}$$

小数を分数になおして
計算しよう。

1 次の計算をしましょう。 〔1問 11点〕

① $\frac{1}{4} + 0.7$

② $0.3 + \frac{5}{8}$

③ $\frac{3}{5} + 0.08$

④ $0.75 + \frac{1}{10}$

2 次の計算をしましょう。 〔1問 11点〕

① $\frac{1}{3} + 0.3$

② $0.2 + \frac{1}{7}$

③ $\frac{1}{6} + 0.05$

④ $0.25 + \frac{2}{3}$

3 かいとさんは，ジュースを $\frac{1}{4}$ L飲みました。まだ0.2L残っています。ジュースははじめに何Lありましたか。 〔12点〕

式

答え（　　　　　　　）

87 分数と小数のひき算

得点

点

例

$$\frac{1}{2} - 0.3 = \frac{1}{2} - \frac{3}{10} = \frac{5}{10} - \frac{3}{10} = \frac{\overset{1}{\cancel{2}}}{\underset{5}{\cancel{10}}} = \frac{1}{5}$$

答えが約分できるときは，できるだけかんたんな分数になおそう。

1 次の計算をしましょう。　　　　　　　　　　　　　　〔1問　11点〕

① $\dfrac{4}{5} - 0.7$

② $1.5 - \dfrac{5}{8}$

③ $\dfrac{3}{4} - 0.06$

④ $1.25 - \dfrac{9}{10}$

2 次の計算をしましょう。　　　　　　　　　　　　　　〔1問　11点〕

① $\dfrac{2}{3} - 0.4$

② $0.8 - \dfrac{5}{7}$

③ $\dfrac{1}{3} - 0.05$

④ $0.75 - \dfrac{1}{6}$

3 赤いテープが $\dfrac{3}{5}$ m，青いテープが0.4mあります。ちがいは何mですか。

〔12点〕

式

 答え（　　　　　　　　）

88 まとめの練習

1 次の商を分数で表しましょう。　　　　　　　　　　　　〔1問　4点〕

① $2 \div 6$

② $4 \div 10$

③ $12 \div 8$

④ $16 \div 5$

⑤ $32 \div 48$

⑥ $24 \div 18$

2 次の計算をしましょう。　　　　　　　　　　　　　　　〔1問　4点〕

① $\dfrac{2}{5} + 0.3$

② $0.65 + \dfrac{3}{10}$

③ $\dfrac{1}{7} + 0.8$

④ $0.25 + \dfrac{1}{25}$

3 次の計算をしましょう。　　　　　　　　　　　　　　　〔1問　4点〕

① $\dfrac{1}{2} - 0.4$

② $1.35 - \dfrac{4}{5}$

③ $\dfrac{2}{3} - 0.08$

④ $0.7 - \dfrac{1}{6}$

4 次の計算をしましょう。 〔1問 4点〕

① $\dfrac{1}{6} + 0.8$

② $1\dfrac{1}{20} - 0.25$

③ $1.4 - \dfrac{2}{3}$

④ $0.32 + \dfrac{2}{5}$

⑤ $0.5 + \dfrac{1}{7}$

⑥ $\dfrac{3}{4} + 0.04$

⑦ $1.6 - \dfrac{5}{8}$

⑧ $\dfrac{7}{2} - 2.9$

⑨ $0.74 + \dfrac{1}{25}$

⑩ $0.9 - \dfrac{5}{6}$

5 いつきさんの体重は28kgで，弟の体重は24kgです。いつきさんの体重は，弟の体重の何倍ですか。分数で表しましょう。 〔4点〕

式

答え（　　　　　　　　）

89 分数と小数の計算のまとめ

1 次の計算をしましょう。　　　　　　　　　　　〔1問　4点〕

① $\dfrac{1}{2} + \dfrac{1}{6} + \dfrac{2}{3}$

② $1\dfrac{3}{4} - \dfrac{7}{8} + \dfrac{1}{2}$

③ $\dfrac{3}{5} + 1\dfrac{5}{6} - \dfrac{3}{10}$

④ $2\dfrac{2}{7} - 1\dfrac{1}{2} - \dfrac{3}{4}$

2 次の計算をしましょう。　　　　　　　　　　　〔1問　4点〕

① $\dfrac{2}{3} - \left(\dfrac{1}{6} + \dfrac{4}{9} \right)$

② $2\dfrac{1}{4} - \left(1\dfrac{1}{3} + \dfrac{7}{15} \right)$

③ $\dfrac{7}{12} - \left(\dfrac{3}{8} - \dfrac{1}{6} \right)$

④ $1\dfrac{2}{5} - \left(\dfrac{3}{4} - \dfrac{5}{8} \right)$

3 次の商を分数で表しましょう。　　　　　　　　〔1問　4点〕

① $6 \div 16$

② $15 \div 10$

③ $12 \div 21$

④ $42 \div 18$

4 次の計算をしましょう。 〔1問　5点〕

① $\dfrac{1}{8}+0.6$

② $0.7+\dfrac{3}{4}$

③ $\dfrac{9}{10}+0.02$

④ $0.15+\dfrac{3}{5}$

5 次の計算をしましょう。 〔1問　5点〕

① $\dfrac{5}{6}-0.8$

② $1.4-1\dfrac{1}{3}$

③ $\dfrac{1}{2}-0.01$

④ $0.75-\dfrac{3}{8}$

6 ジュースが$1\dfrac{5}{9}$Lありました。きのうは$\dfrac{2}{3}$L，きょうは$\dfrac{3}{4}$L飲みました。

ジュースは何L残っていますか。1つの式に表してから求めましょう。 〔12点〕

式

答え（ 　　　　 ）

得点

点

1 次の計算をしましょう。　　　　　　　　　　　　　　　　　〔1問　4点〕

① 　　1 8
　　×　3.9

② 　　3 2
　　×0.6 3

③ 　　7.3
　　×0.9

④ 　　4.0 9
　　×　　2.6

⑤ 　　2.5 7
　　×0.7 4

⑥ 　　0.0 8
　　×　　6.5

2 次のわり算をわり切れるまで計算しましょう。　　　　　　　〔1問　4点〕

① 2.4$\overline{)3 8.4}$

② 0.9$\overline{)6.0 3}$

③ 0.73$\overline{)5.8 4}$

④ 4.08$\overline{)1 6.3 2}$

⑤ 2.8$\overline{)1 2.6}$

⑥ 2.5$\overline{)3 6}$

3 商は$\frac{1}{10}$の位まで求め，あまりも出しましょう。　　　　　〔1問　4点〕

① 0.9$\overline{)7}$

② 4.3$\overline{)2.5 9}$

③ 0.35$\overline{)2.9 1}$

4 次の計算をしましょう。 〔1問 4点〕

① $\dfrac{5}{6} + \dfrac{2}{3}$

② $\dfrac{5}{3} + \dfrac{3}{7}$

③ $1\dfrac{7}{10} + \dfrac{1}{6}$

④ $2\dfrac{1}{4} + 1\dfrac{4}{7}$

5 次の計算をしましょう。 〔1問 4点〕

① $\dfrac{3}{4} - \dfrac{2}{9}$

② $\dfrac{11}{12} - \dfrac{3}{4}$

③ $1\dfrac{1}{4} - \dfrac{5}{6}$

④ $2\dfrac{1}{2} - 1\dfrac{9}{10}$

6 1㎡のへいにペンキをぬるのに，ペンキが0.75Lいるそうです。2.8㎡のへいをぬるには，ペンキが何Lあればよいでしょうか。 〔8点〕

式

答え（　　　　　　　　）

5年のまとめ②

1 次の計算を筆算でしましょう。わり算はわり切れるまでしましょう。

〔1問 5点〕

① 2.56×0.48

② 14.4÷3.2

③ 4.02×6.5

④ 17.28÷2.16

⑤ 0.97×0.34

⑥ 51÷7.5

2 次の計算をしましょう。

〔1問 6点〕

① 6.2×1.5×0.8

② 10.2÷3.4×0.76

③ 1.6−0.95×1.2

④ 6−9.18÷2.7

3 次の計算をしましょう。 〔1問 5点〕

① $1\dfrac{2}{3} + \dfrac{3}{8} + 1\dfrac{1}{6}$

② $2\dfrac{1}{7} - \dfrac{3}{4} - \dfrac{5}{14}$

③ $2\dfrac{1}{5} + \dfrac{4}{15} - 1\dfrac{7}{9}$

④ $1\dfrac{1}{8} - \left(1\dfrac{1}{3} - \dfrac{3}{4} \right)$

4 次の計算をしましょう。 〔1問 5点〕

① $\dfrac{1}{3} + 0.6$

② $0.25 + \dfrac{5}{12}$

③ $0.7 - \dfrac{3}{8}$

④ $1.35 - \dfrac{9}{10}$

5 きょう米を $1\dfrac{1}{4}$ kg 使ったので，残りが $2\dfrac{4}{5}$ kg になりました。米ははじめに何kgありましたか。 〔6点〕

式

答え（　　　　　　）

基礎力をつけるには くもんの小学ドリル が強いみかた!!

スモールステップで、らくらく力がついていく!!

算数

計算シリーズ(全13巻)
① 1年生たしざん
② 1年生ひきざん
③ 2年生たし算
④ 2年生ひき算
⑤ 2年生かけ算(九九)
⑥ 3年生たし算・ひき算
⑦ 3年生かけ算
⑧ 3年生わり算
⑨ 4年生わり算
⑩ 4年生分数・小数
⑪ 5年生分数
⑫ 5年生小数
⑬ 6年生分数

数・量・図形シリーズ(学年別全6巻)

文章題シリーズ(学年別全6巻)

プログラミング
① 1・2年生　② 3・4年生　③ 5・6年生

学力チェックテスト
算数(学年別全6巻)
国語(学年別全6巻)
英語(5年生・6年生 全2巻)

国語

1年生ひらがな

1年生カタカナ

漢字シリーズ(学年別全6巻)

言葉と文のきまりシリーズ(学年別全6巻)

文章の読解シリーズ(学年別全6巻)

書き方(書写)シリーズ(全4巻)
① 1年生ひらがな・カタカナのかきかた
② 1年生かん字のかきかた
③ 2年生かん字の書き方
④ 3年生漢字の書き方

英語

3・4年生はじめてのアルファベット
ローマ字学習つき

3・4年生はじめてのあいさつと会話

5年生英語の文

6年生英語の文

くもんの算数集中学習　小学5年生 計算にぐーんと強くなる

2020年 2月　第1版第1刷発行
2024年 6月　第1版第10刷発行

●発行人　志村直人
●発行所　株式会社くもん出版
　〒141-8488 東京都品川区東五反田2-10-2
　　　　　　 東五反田スクエア11F
　電話　編集直通　03(6836)0317
　　　　営業直通　03(6836)0305
　　　　代表　　　03(6836)0301

●印刷・製本　TOPPAN株式会社
●カバーデザイン　辻中浩一+小池万友美(ウフ)
●カバーイラスト　亀山鶴子

●本文イラスト　たなかあさこ・今田貴之進
●本文デザイン　ワイワイ・デザインスタジオ
●編集協力　株式会社 アポロ企画

© 2020 KUMON PUBLISHING CO.,Ltd Printed in Japan
ISBN 978-4-7743-2979-6

くもん出版ホームページアドレス　https://www.kumonshuppan.com/

※本書は『計算集中学習 小学5年生』を改題し、新しい内容を加えて編集しました。